Inhaltsverzeichnis

Wiederholung

Addition und Subtraktion

1 Welche Zahlen sind dargestellt?

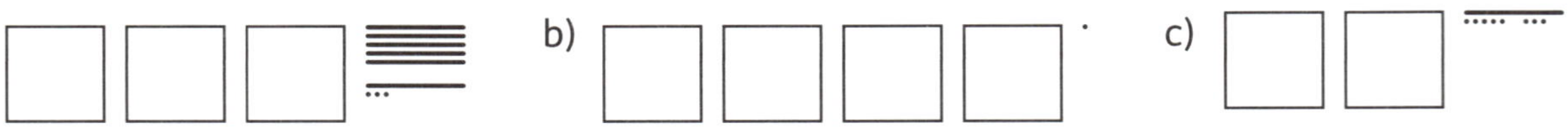

a) 3 | H | Z | E

b) | H | Z | E

c) | H | Z | E

2 Zerlege.

a) 784 = 700 + 80 + 4
890 = ______

b) 319 = ______
278 = ______

c) 146 = ______
402 = ______

3

a) 500 + 60 + 2 = ______
200 + 70 + 3 = ______
100 + 80 + 9 = ______

b) 600 + 5 = ______
300 + 20 = ______
400 + 8 = ______

c) 800 + 10 = ______
700 + 3 = ______
900 + 40 = ______

189 273 320 408 562 605 703 810 840 940

4

a) 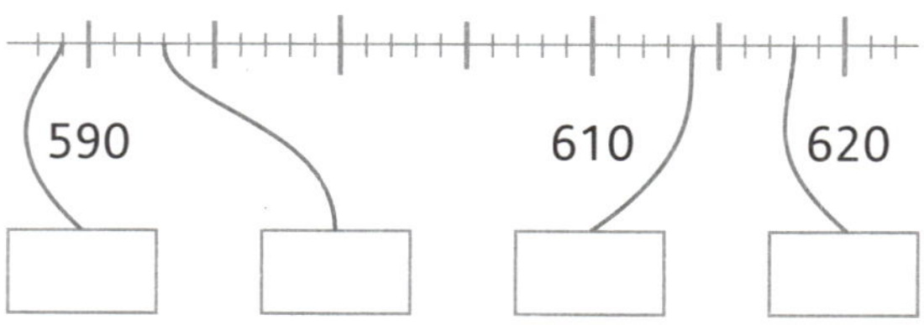

b) 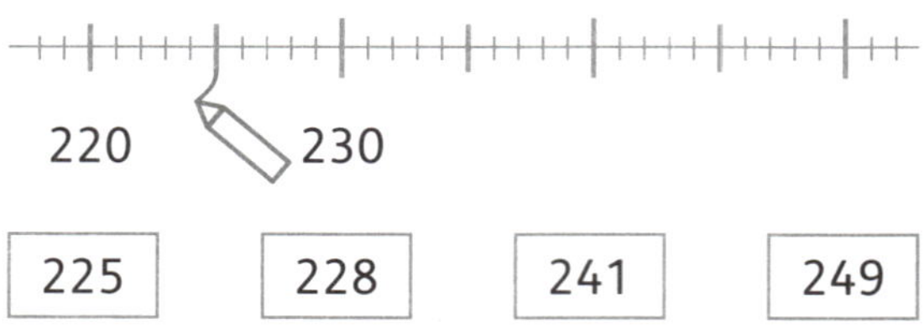

5 Wie heißen die Nachbarzehner (NZ) und Nachbarhunderter (NH)? Markiere jeweils den Zehner oder den Hunderter, der näher an der Zahl liegt.

NZ	Z	NZ
370	373	380
	789	
	262	

NZ	Z	NZ
	199	
	241	
	937	

NH	Z	NH
100	182	200
	846	
	397	

NH	Z	NH
	531	
	619	
	403	

Zahlen in Geheimschrift lesen. Zahlen in Stellenwerte zerlegen und daraus zusammensetzen. Nachbarzehner und Nachbarhunderter bestimmen.

Das ist die Geheimschrift zu der Zahl …
784 sind 700 plus 80 plus 4.
Die Nachbarzehner heißen …

Wiederholung

Addition und Subtraktion

○ **1** Ergänze zu 1 000.

a) 450 + ______ = 1 000
530 + ______ = 1 000
240 + ______ = 1 000
190 + ______ = 1 000
20 + ______ = 1 000

b) 459 + ______ = 1 000
532 + ______ = 1 000
247 + ______ = 1 000
195 + ______ = 1 000
64 + ______ = 1 000

c) 464 + ______ = 1 000
545 + ______ = 1 000
797 + ______ = 1 000
313 + ______ = 1 000
8 + ______ = 1 000

203 455 468 470 536 541 550 687 696 753 760 805 810 936 980 992

○ **2** a)

+	5	40	53	110	163
36					
236					
836					

b)

−	9	80	72	240	297
313					
613					
913					

○ **3** Mini und Max waren im Urlaub. Wer war in Deutschland und wer war in Österreich im Urlaub?
Mini hüpft auf den Steinen mit dem Ergebnis < 500 . Male sie grün an.
Max hüpft auf den Steinen > 500 . Male sie braun an.
Steine mit einem Ergebnis = 500 sind Wackelsteine. Vorsicht, nicht darauf treten!

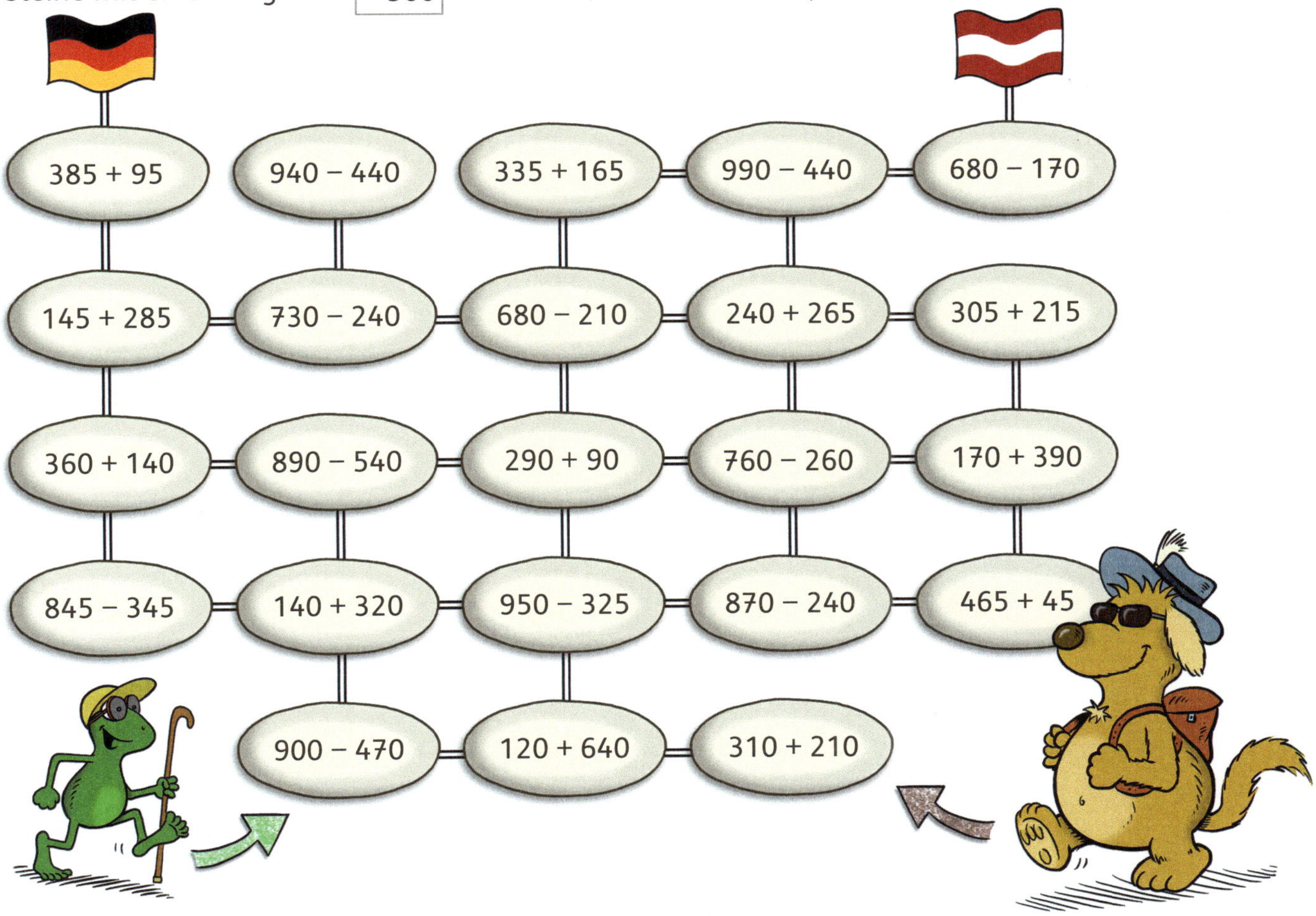

Wiederholung

Addition und Subtraktion

○ **1** Addiere schriftlich.

	3	5	7
+	2	4	5
		1	
			2

	1	7	2
+	5	6	1

	4	0	7
+		8	3

🔑 490 602 733 888

○ **2** Schreibe stellengerecht untereinander. Addiere schriftlich.

462 + 380 661 + 267 709 + 173 216 + 175 173 + 77

🔑 250 391 642 842 882 928

○ **3** Schreibe stellengerecht untereinander. Addiere schriftlich.

S.	4,	N	r.	3
a)		6	1	0
	+	3	5	8
				8

a) 610 + 358
184 + 106
805 + 109
359 + 158

b) 78 + 614
864 + 56
503 + 429
567 + 271

◒ c) 413 + 98 + 125
68 + 264 + 668
555 + 102 + 197
318 + 459 + 160

🔑 290 498 517 636 692 838 854 914 920 932 937 968 1 000

◒ **4** Klecksaufgaben: Trage die richtigen Ziffern ein.

	3	7	8
+		2	4
	7	0	2

	3	1	
+	4	8	9
		0	8

			8
+	5	7	6
	6	2	

	7		6
+		6	
		0	2

	6	8	
+			8
		3	2

◒ **5** Welche Aufgabe gehört zu welchem Ergebnis?
Verbinde. Überschlage zuerst. Addiere schriftlich, wenn nötig.

623 + 63 | 709 | 247 + 257 | 799
354 + 355 | 609 | 361 + 339 | 700
77 + 532 | 686 | 623 + 176 | 504

Schriftliche Addition wiederholen.
Fehlende Ziffern in schriftlichen Additionen ergänzen.

Ich achte bei der schriftlichen Addition auf das stellengerechte Notieren der Zahlen. Ich beginne rechts bei den Einern.

Wiederholung

Addition und Subtraktion

Addieren:				
354	+	245	=	599
Summand		Summand		Summe

1 Entscheide: Im Kopf ☺ oder schriftlich [s]?

440 + 300 = ____ ☐	12 + 676 = ____ ☐	287 + 500 = ____ ☐
647 + 99 = ____ ☐	163 + 220 = ____ ☐	178 + 819 = ____ ☐
459 + 491 = ____ ☐	299 + 320 = ____ ☐	340 + 524 = ____ ☐
306 + 254 = ____ ☐	699 + 199 = ____ ☐	317 + 146 = ____ ☐

383 463 560 619 650 688 740 746 787 864 898 950 997

2 Löse die Zahlenrätsel. Trage auch deinen Lösungsweg ein.

Der 1. Summand ist 423.
Der 2. Summand ist 425.

423 —(+ 425)→ ☐

Die Summe ist ____.

Der 1. Summand ist 75.
Die Summe ist 125.

☐ → ☐

Der 2. Summand ist ____.

Der 2. Summand ist 300.
Die Summe ist 520.

☐ → ☐

Der 1. Summand ist ____.

3 Froschaufgaben mit Pfiff

a)
368 + 199 = ____
468 + 199 = ____
568 + 199 = ____
____ + ____ = ____
____ + ____ = ____

b)
250 + 575 = ____
300 + 450 = ____
350 + 325 = ____
____ + ____ = ____
____ + ____ = ____

c)
193 + 672 = ____
203 + 562 = ____
213 + 452 = ____
____ + ____ = ____
____ + ____ = ____

d) Was verändert sich?
Beschreibe und verwende dabei die Begriffe 1. Summand, 2. Summand und Summe.

Über Kopfrechnen oder schriftliches Addieren entscheiden.
Zahlenrätsel lösen. Froschaufgaben lösen und beschreiben.
MK Algorithmen erkennen 3

Bei Zahlenrätseln kann ich die Ergänzungsaufgabe oder die Umkehraufgabe nutzen.

Wiederholung

Addition und Subtraktion

○ **1** Subtrahiere schriftlich.

	5	7	3
−	2	5	2
			1

	6	5	4
−	2	0	3

	8	4	1
−		8	9

🔑 312 321 451 752

○ **2** Schreibe stellengerecht untereinander. Subtrahiere schriftlich.

581 − 351 675 − 262 466 − 173 708 − 279 543 − 65

🔑 230 293 302 413 429 478

○ **3** Schreibe stellengerecht untereinander. Subtrahiere schriftlich.

a) 576 − 538
693 − 208

b) 369 − 105
724 − 346

c) 498 − 78
567 − 71

d) 941 − 408
953 − 160

e) 815 − 73
1 000 − 87

🔑 38 176 264 378 420 485 496 533 742 793 913

◒ **4** Klecksaufgaben: Trage die richtigen Ziffern ein.

	4	8	9
−	1	●	8
	3	1	1

	●	●	7
−	1	6	9
		7	8

	●	1	5
−		3	●
	7	8	1

	7	2	0
−		●	1
	●	8	●

	●	8	●
−	1	●	7
	7	8	5

◒ **5** Finde die Fehler. Markiere sie. Berichtige. Verbinde mit der passenden Wortkarte.

Ü: ____________ Ü: ____________ Ü: ____________

	9	7	2
−	2	1	8
	7	5	6

	6	0	5
−	1	9	5
	5	1	0

	4	6	1
−	2	7	
	1	9	1

Übertrag falsch!

Falsch untereinander geschrieben!

Falsch subtrahiert!

Schriftliche Subtraktion wiederholen. Fehlende Ziffern in schriftlichen Subtraktionen ergänzen. Fehler finden.

Ich achte auf das stellengerechte Notieren der Zahlen. Ich beginne bei den Einern.

Wiederholung

Addition und Subtraktion

Subtrahieren:				
560	–	130	=	430
Minuend		Subtrahend		Differenz

1 Entscheide: Im Kopf ☺ oder schriftlich [s]?

640 – 200 = ____ ☐	648 – 476 = ____ ☐	500 – 360 = ____ ☐
832 – 99 = ____ ☐	763 – 220 = ____ ☐	819 – 219 = ____ ☐
785 – 554 = ____ ☐	299 – 144 = ____ ☐	977 – 375 = ____ ☐
630 – 199 = ____ ☐	990 – 450 = ____ ☐	1 000 – 167 = ____ ☐

🔑 140 155 172 231 431 440 540 543 600 602 700 733 833

2 Löse die Zahlenrätsel. Trage auch deinen Lösungsweg ein.

Ich subtrahiere 63 von 164. | 164 –63→ ☐ | Die Differenz ist ____.

Der Minuend ist 560. Der Subtrahend ist 240. | ☐ → ☐ | Die Differenz ist ____.

Die Differenz ist 200. Der Minuend ist 750. | ☐ → ☐ | Der Subtrahend ist ____.

3 Froschaufgaben mit Pfiff

a)
887 – 199 = ____
777 – 199 = ____
667 – 199 = ____
____ – ____ = ____
____ – ____ = ____

b)
496 – 25 = ____
496 – 55 = ____
496 – 85 = ____
____ – ____ = ____
____ – ____ = ____

c)
931 – 602 = ____
830 – 503 = ____
729 – 404 = ____
____ – ____ = ____
____ – ____ = ____

d) Was verändert sich?
Beschreibe und verwende dabei die Begriffe Minuend, Subtrahend und Differenz.

Über Kopfrechnen oder schriftliches Subtrahieren entscheiden.
Zahlenrätsel lösen. Froschaufgaben lösen und beschreiben.
MK Algorithmen erkennen 3

Bei Subtraktionsaufgaben steht die größte Zahl immer vorne.

Italien

Das Kolosseum in Rom ist das größte antike Amphitheater der Welt. Der Überlieferung nach wurde es 80 n. Chr., nach 8-jähriger Bauzeit, fertiggestellt. Es wurde mit 100 Tage andauernden Spielen eröffnet. Die Zuschauer gelangten durch eines von 80 Toren ins Innere, davon waren 4 für besondere Gäste wie Senatoren reserviert, die dadurch in einen eigenen Bereich kamen. Das Theater ist 48 m hoch.

Frankreich

Der Eiffelturm in Paris wurde 1889, nach nur 2-jähriger Bauzeit, eröffnet. Mit 324 m ist er das höchste Bauwerk von Paris.

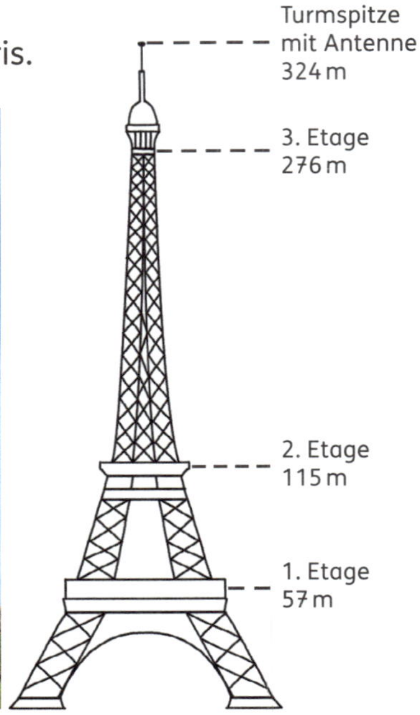

○ **1** Frage: Wie viele Meter ist der Eiffelturm höher als das Kolosseum?
Markiere die passenden Informationen in den Texten.

Lösungsweg:

Antwort: ______________________________

○ **2** Löse die Aufgaben. Notiere immer Frage, Lösungsweg und Antwort.

a) Wie lang ist die Turmspitze mit Antenne des Eiffelturms?

b) Ein Fahrstuhl im Eiffelturm fährt von der 2. in die 3. Etage. Wie viele Meter fährt er hoch?

◒ c) Wie viele Wochen dauerten die Eröffnungsspiele des Kolosseums?

d) Wie oft müsste man das Kolosseum übereinanderstapeln, damit es den Eiffelturm überragt?

● **3** Erstellt ein Plakat zum Eiffelturm oder zu einem anderen Wahrzeichen einer Stadt.
Recherchiert dazu im Internet oder in Sachbüchern.

Wiederholung

Multiplikation und Division

1 a) 8 · 2 = ______
8 · 20 = ______

b) ______
6 · 30 = ______

c) ______
9 · 40 = ______

2 a) 5 · 70 = ______
30 · 8 = ______
5 · 60 = ______
40 · 7 = ______

b) 0 · 20 = ______
20 · 6 = ______
60 · 9 = ______
2 · 50 = ______

c) 7 · 80 = ______
80 · 8 = ______
100 · 0 = ______
3 · 90 = ______

0 0 100 120 240 270 280 300 350 420 540 560 640

3 a) 24 : 6 = ______
240 : 6 = ______

b) ______
630 : 7 = ______

c) ______
540 : 90 = ______

4 a) 480 : 6 = ______
640 : 80 = ______
280 : 4 = ______
280 : 70 = ______

b) 270 : 90 = ______
480 : 8 = ______
360 : 40 = ______
250 : 5 = ______

c) 560 : 70 = ______
270 : 3 = ______
560 : 8 = ______
200 : 50 = ______

3 4 4 8 8 9 50 60 60 70 70 80 90

5 Richtig ☑ oder falsch [f]? Kontrolliere mit der Probe.

a) 420 : 7 = 60 ☑
P: 60 · 7 = 420

180 : 2 = 80 ☐
P: ______

150 : 3 = 50 ☐
P: ______

b) 180 : 6 = 3 ☐
P: ______

240 : 30 = 8 ☐
P: ______

720 : 90 = 9 ☐
P: ______

c) 320 : 40 = 8 ☐
P: ______

270 : 9 = 3 ☐
P: ______

300 : 60 = 5 ☐
P: ______

Wiederholung

Multiplikation und Division

Ich multipliziere halbschriftlich in Schritten.

120 + 24 = 144

6 · 24

6	·	2	4	=	1	4	4
6	·	2	0	=	1	2	0
6	·		4	=		2	4

Multiplizieren:

6	·	24	=	144
Faktor		Faktor		Produkt

○ **1** a)

3	·	2	8	=			
3	·	2	0	=			
3	·		8	=			

7 · 36 =

6 · 19 =

b) 9 · 47 =

4 · 72 =

5 · 83 =

84 114 123 252 288 415 423

2 Entscheide: Im Kopf ☺ oder halbschriftlich ✎?

87 · 4 = ___ ☐	3 · 92 = ___ ☐	6 · 42 = ___ ☐	35 · 1 = ___ ☐
52 · 2 = ___ ☐	2 · 99 = ___ ☐	7 · 21 = ___ ☐	90 · 5 = ___ ☐
29 · 5 = ___ ☐	4 · 86 = ___ ☐	8 · 70 = ___ ☐	51 · 4 = ___ ☐
33 · 8 = ___ ☐	0 · 64 = ___ ☐	9 · 18 = ___ ☐	46 · 7 = ___ ☐

0 35 104 105 145 147 162 198 204 252 264 276 322 344 348 450 560

3 Ergänze und verbinde.

Der 1. Faktor ist 12.	Der 2. Faktor ist 5.	Das Produkt heißt ___.
Der 1. Faktor ist 50.	Der 2. Faktor ist 3.	Das Produkt heißt 44.
Der 1. Faktor ist 11.	Der 2. Faktor ist 4.	Das Produkt heißt 36.
Der 1. Faktor ist 70.	Der 2. Faktor ist 6.	Das Produkt heißt 420.

Halbschriftliche Multiplikation wiederholen.
Welche Rechenvorteile helfen dir?

Im Kopf löse ich die Aufgaben zum Zehnereinmaleins.
Bei dieser Aufgabe rechne ich zuerst ...

Wiederholung

Multiplikation und Division

84 : 6

8	4	:	6	=	1	4
6	0	:	6	=	1	0
2	4	:	6	=		4

Dividieren:

84	:	6	=	14
Dividend		Divisor		Quotient

P:	1	4	·	6	=	8	4
	1	0	·	6	=	6	0
		4	·	6	=	2	4

1 a)

1	0	4	:	8	=		
	8	0	:	8	=		
	2	4	:	8	=		

	9	6	:	6	=		

	7	2	:	4	=		

b)

4	4	8	:	7	=		

4	7	2	:	8	=		

2	6	4	:	3	=		

13 16 18 32 59 64 88

2 Rechne. Kontrolliere mit der Probe.

a) 76 : 4 b) 128 : 8 c) 141 : 3 d) 204 : 6 e) 147 : 7 f) 324 : 9

275 : 5 255 : 3 188 : 1 567 : 9 152 : 8 315 : 5

3 Rechne im Kopf. Kreuze die leichte Aufgabe an und rechne sie zuerst.

a) 245 : 5 = ___ ☐ b) 287 : 7 = ___ ☐ c) 540 : 9 = ___ ☐

250 : 5 = ___ ☐ 273 : 7 = ___ ☐ 549 : 9 = ___ ☐

260 : 5 = ___ ☐ 280 : 7 = ___ ☐ 531 : 9 = ___ ☐

4

Der Dividend ist 450. Der Divisor ist 3. Der Quotient heißt 70.

Der Dividend ist 72. Der Divisor ist 70. Der Quotient heißt 50.

Der Dividend ist 560. Der Divisor ist 9. Der Quotient heißt 8.

Der Dividend ist 210. Der Divisor ist 8. Der Quotient heißt ____.

Wiederholung

Multiplikation und Division

1 Ein Fahrstuhl transportiert immer 9 Personen in den 102. Stock zur Aussichtsplattform des Empire State Buildings in New York.

a) 151 Besucher stehen an.

Frage: Wie oft muss der Fahrstuhl fahren, bis alle Besucher oben sind?

Lösungsweg:

Antwort: ______________________

b) Es stehen 211 Besucher an.

Frage: ______________________

Lösungsweg:

Antwort: ______________________

2

S.	1	2,	N	r.	2				
a)	5	2	:	3	=	1	7	R	1
	3	0	:	3	=	1	0		
	2	2	:	3	=		7	R	1

a)	b)	c)	d)
52 : 3	102 : 7	173 : 8	610 : 9
87 : 6	131 : 8	462 : 5	236 : 3
89 : 5	159 : 9	165 : 2	341 : 4

14 R 3 14 R 4 16 R 3 ~~17 R 1~~ 17 R 4 17 R 6 21 R 5 67 R 7 69 R 1 78 R 2 82 R 1 85 R 1 92 R 2

3

Eine Zahl ist durch 2 teilbar,

Eine Zahl ist durch 5 teilbar,

Eine Zahl ist durch 10 teilbar,

wenn der Einer gerade ist.

wenn die Zahl eine Zehnerzahl ist.

wenn der Einer eine __ oder __ ist.

4 Markiere die 7 Aufgaben mit Rest.

Berechne diese Aufgaben und kontrolliere mit der Probe.

a)	b)	c)	d)
504 : 10	169 : 5	156 : 2	570 : 10
815 : 5	642 : 2	387 : 5	264 : 2
146 : 10	960 : 10	760 : 5	324 : 5
270 : 2	209 : 2	560 : 10	341 : 2

Divisionsaufgaben mit Rest lösen.
Teilbarkeitsregeln wiederholen.

Ich schaue auf den Einer.
Eine Zahl ist durch 2 teilbar, wenn …

Wiederholung

Multiplikation und Division

Österreich

Österreich ist für seine hohen Berge bekannt. Der höchste Berg ist der Großglockner mit 3 798 m. In dem Ort Heiligenblut gibt es eine besondere Tunnelbahn zur Fleißalm. Die Bahn fährt durch einen alten Wasserstollen. Auf dieser Strecke gibt es insgesamt 2 Bahnen, eine fährt ins Tal, die andere auf den Berg. Eine Bahn besteht aus 11 Kabinen, in denen je 5 Personen mitfahren können. Die Strecke ist nur 2 km lang. Die Fahrzeit beträgt ca. 4 min.

Deutschland

Der höchste Berg Deutschlands ist die Zugspitze mit 2 962 m. Es gibt verschiedene Möglichkeiten, auf den Berg zu kommen. Die schnellste Art ist die 2017 erneuerte Seilbahn. 2 Kabinen befördern jeweils 120 Personen, wobei eine Kabine auf den Gipfel fährt und die andere ins Tal. Die Fahrzeit beträgt ca. 12 min. Das ist sehr wenig, denn es wird ein Höhenunterschied von fast 2 000 m überwunden. Die Strecke ist länger als 4 km.

○ **1** Wie viele Personen kann die Tunnelbahn in Österreich in einer Richtung pro Fahrt befördern? Markiere die passenden Informationen im Text.

Lösungsweg:

Antwort: ____________________

○ **2** Welche Bahn kann mehr Personen pro Fahrt befördern – die Tunnelbahn oder die Seilbahn?

Antwort: ____________________

◒ **3** a) Wie viele Personen können pro Stunde maximal auf die Zugspitze befördert werden?

Lösungsweg:

Antwort: ____________________

b) Wie viele Personen können maximal in einer Stunde auf die Alm befördert werden, wenn die Tunnelbahn pro Stunde 4-mal fährt?

Zahlen bis 10 000

der Zehntausender

!

1 Zehntausender	1 Tausender	1 Hunderter	1 Zehner	1 Einer
1 ZT = 10 T	1 T = 10 H	1 H = 10 Z	1 Z = 10 E	1 E

1 a)

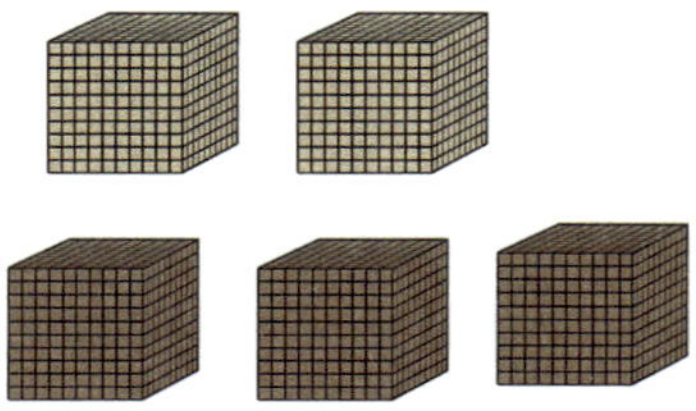 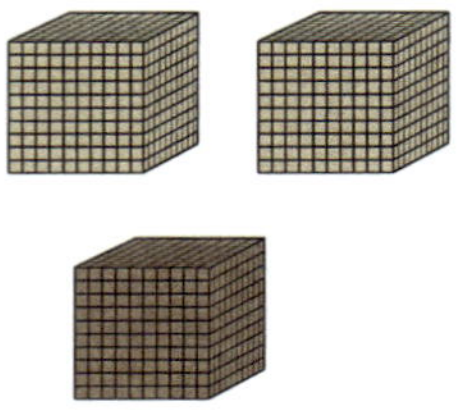 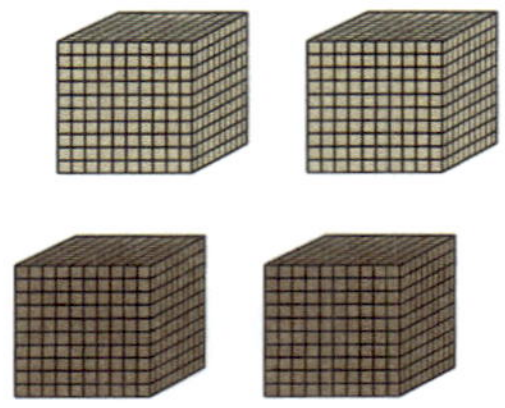

2 T + 3 T = 5 T 2 T + ____ = ____ 2 T + ____ = ____

2 000 + 3 000 = 5 000 2 000 + ________ 2 000 + ________

b) 7 000 + 1 000 = ____ 3 000 + 5 000 = ____ 6 000 + 2 000 = ____

5 000 + 3 000 = ____ 1 000 + 8 000 = ____ 9 000 + 1 000 = ____

c) 6 000 − 2 000 = ____ 5 000 − 4 000 = ____ 8 000 − 1 000 = ____

7 000 − 3 000 = ____ 9 000 − 5 000 = ____ 9 000 − 9 000 = ____

d) 3 000 + ____ = 10 000 5 000 + ____ = 10 000 2 000 + ____ = 10 000

10 000 − ____ = 5 000 10 000 − ____ = 4 000 10 000 − ____ = ____

2 a)

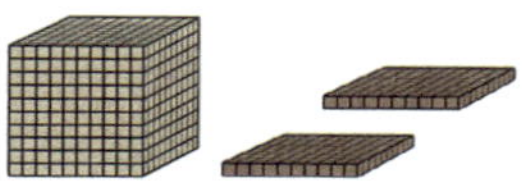 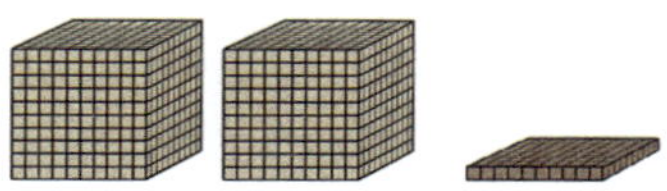 

1 T + 2 H = 1 T 2 H 2 T + ____ = ____ 1 T + ____ = ____

1 000 + 200 = 1200 2 000 + ________ 1 000 + ________

b) 4 000 + 500 = ____ 6 000 + 600 = ____ 9 000 + 700 = ____

2 000 + 400 = ____ 1 000 + 900 = ____ 3 000 + 800 = ____

c) 5 000 + ____ = 5 300 7 000 + ____ = 7 100 ____ + ____ = ____

6 000 + ____ = 6 800 2 000 + ____ = 2 500 ____ + ____ = ____

Zahlen bis 10 000 mit den Mehrsystemblöcken strukturiert darstellen. Analogien beim Rechnen nutzen.

2 Tausender plus 3 Tausender sind 5 Tausender. 2 000 plus 3 000 sind 5 000.

Zahlen bis 10 000

2 T | 4 H | 6 Z | 3 E

2 000 | 400 | 60 | 3

1 a) 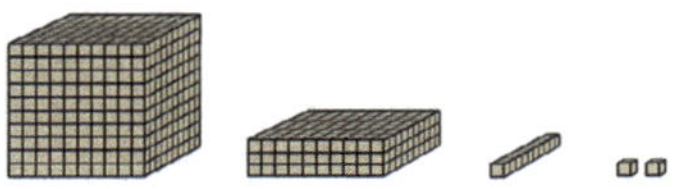 __ T __ H __ Z __ E

T	H	Z	E

b) 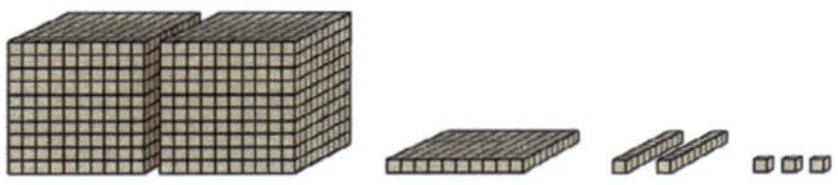 __ T __ H __ Z __ E

T	H	Z	E

c) 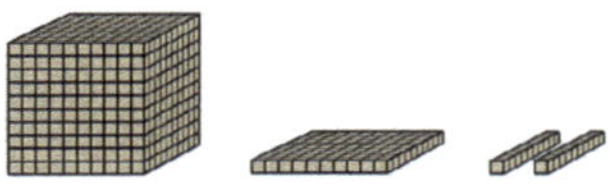 __ T __ H __ Z __ E

T	H	Z	E

d) 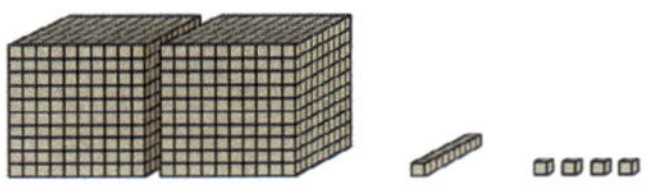 __ T __ H __ Z __ E

T	H	Z	E

2 a)

8 7 6 5 = ☐ + ☐ + ☐ + ☐

3 1 4 9 = ☐ + ☐ + ☐ + ☐

5 2 8 7 = ☐ + ☐ + ☐ + ☐

6 5 2 4 = ☐ + ☐ + ☐ + ☐

b)

S. 15, Nr. 2

b) 2357 = 2000 + 300 +

2 3 5 7 | 4 8 5 1

1 6 9 8 | 9 4 1 3

Zahlen bis 10 000 mit Mehrsystemblöcken und Zahlenkarten legen, ablesen und in die Stellenwerttafel eintragen.

2 Tausender sind 2 000, 4 Hunderter sind ..., 6 Zehner sind ..., 3 Einer sind ... Die Zahl heißt ...

Zahlen bis 10 000

○ **1** Tausche und notiere die Zahlen.

a) 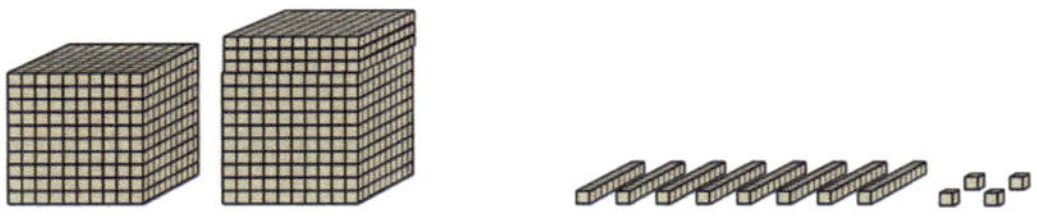

T	H	Z	E

b) 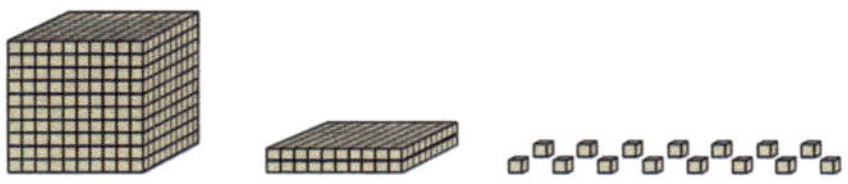

T	H	Z	E

c) 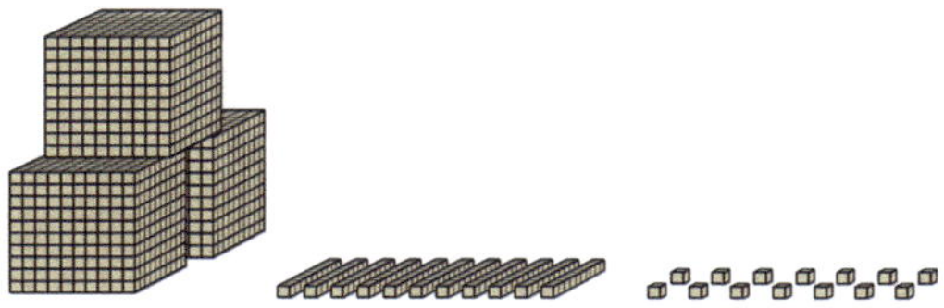

T	H	Z	E

d) 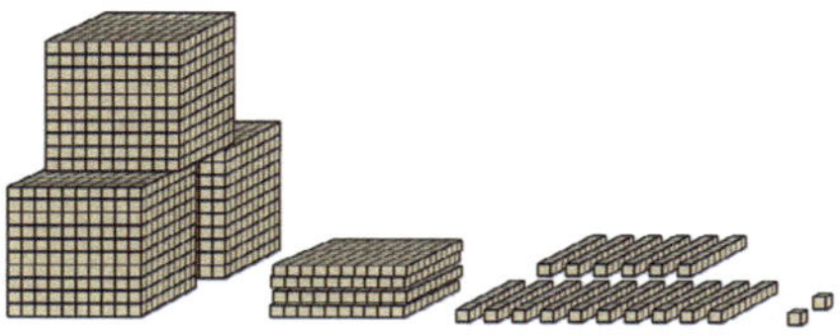

T	H	Z	E

○ **2** Lege und notiere.

a) 10 E = 1 Z
60 E = ____
90 E = ____
100 E = ____

b) 10 Z = ____
30 Z = ____
70 Z = ____
90 Z = ____

c) 10 H = ____
50 H = ____
80 H = ____
40 H = ____

d) 1 T = 10 H
2 T = ____
5 T = ____
9 T = ____

e) 25 Z = 2 H 5 Z
52 Z = ____
63 Z = ____
36 Z = ____

f) 15 H = ____
12 H = ____
21 H = ____
25 H = ____

g) 102 E = ____
204 E = ____
608 E = ____
909 E = ____

h) 122 E = ____
274 E = ____
618 E = ____
999 E = ____

Im Zehnersystem bündeln und tauschen.
Wie tauschst du aufeinanderfolgende Stellenwerte?

Ich tausche ... Einer in ... Zehner.
Ich tausche ... Zehner in ... Hunderter.
Ich tausche ... Hunderter in ... Tausender.

Zahlen bis 10 000

eins	zehn
zwei	zwanzig
drei	dreißig
vier	vierzig
fünf	fünfzig
sechs	sechzig
sieben	siebzig
acht	achtzig
neun	neunzig
hundert	tausend

fünftausend | dreihundert | acht | und | fünfzig

1 a) Lies die Zahlen und notiere.

viertausendzweihundertfünfundsechzig ______

achttausendsiebenhundertvierunddreißig ______

neuntausendsechshundertzweiundfünfzig ______

dreitausendeinhundertdreiundachtzig ______

sechstausendneunundvierzig ______

eintausendvierhundertsieben ______

b) Schreibe die Zahlwörter.

2 8 6 1   4 2 9 3   6 5 3 2   1 9 3 6   7 1 1 5

c) Lies die Zahlen vor. Dein Partner kontrolliert.

5 138, 1 377, 7 440, 8 929, 9 546, 2051, 4 702, 5 555

2 Was passt? Kreuze an.

a) 1 4 8 7

- viertausendeinhundertsiebenundachtzig ☐
- eintausendachthundertsiebenundachtzig ☐
- eintausendvierhundertsiebenundachtzig ☐

b) sechstausendzweihundertneunundvierzig

- 6 2 9 4 ☐
- 6 2 4 9 ☐
- 2 6 9 4 ☐

Zahlen bis 10 000

○ **1** a)

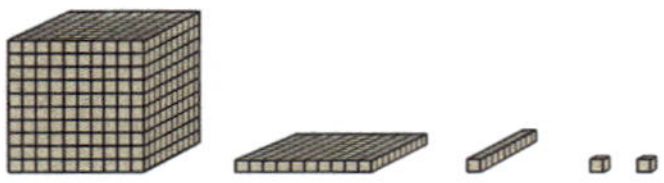

__ T __ H __ Z __ E

T	H	Z	E

b)

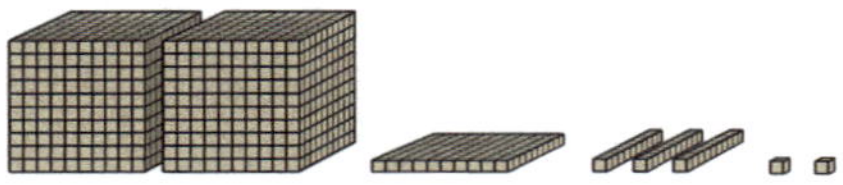

__ T __ H __ Z __ E

T	H	Z	E

○ **2** a) 7 2 3 1 = ☐ + ☐ + ☐ + ☐

b) 6 5 4 3 = ☐ + ☐ + ☐ + ☐

c) 3 9 7 8 = ☐ + ☐ + ☐ + ☐

○ **3** Tausche und notiere die Zahlen.

a)

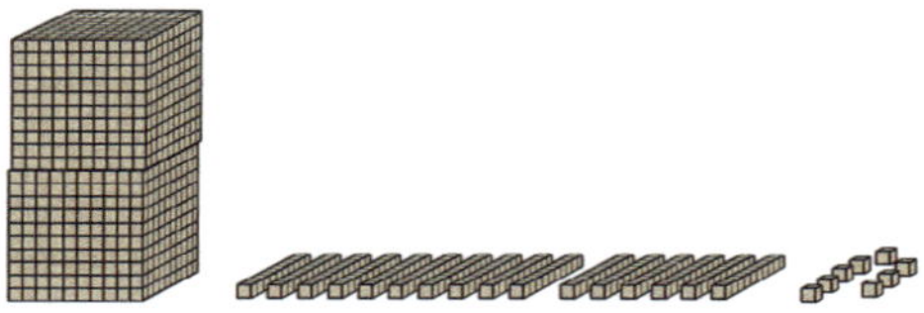

T	H	Z	E

b)

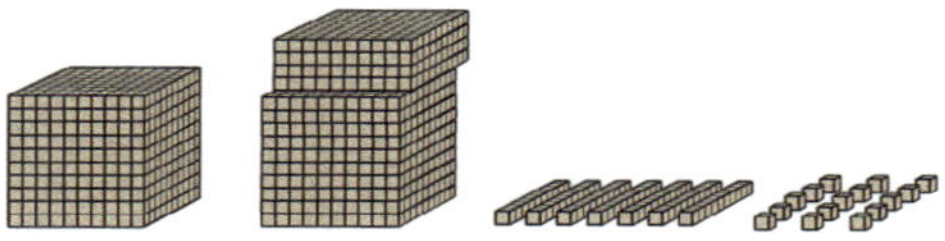

T	H	Z	E

○ **4** Lies die Zahlen und notiere.

achttausendvierhundertsiebenunddreißig ______

zweitausendsechshunderteins ______

fünftausendneunundneunzig ______

achttausendeinhundertsechzig ______

○ **5**

Zahlen vergleichen:

Abwechselnd 4-mal würfeln. Jede Ziffer auf einem freien Platz in der Stellenwerttafel eintragen. Zahlen vergleichen. Die größere Zahl erhält einen Punkt.

Gespielt mit: ______________________

Zahlen bis 10 000 ablesen und in die Stellenwerttafel eintragen.
Zahlwörter lesen und als Zahl notieren.

Extra

1 Gegeben ist die Zahl ______.

T	H	Z	E
●	●●	●●●	●●●●

Welche Zahlen können entstehen?

a) Lege ein Plättchen dazu.
Zahlen: ______

b) Lege 2 Plättchen dazu.
Zahlen: ______

c) Nimm ein Plättchen weg.
Zahlen: ______

d) Nimm 2 Plättchen weg.
Zahlen: ______

e) Lege 3 Plättchen dazu.
Zahlen: ______

f) Nimm 3 Plättchen weg.
Zahlen: ______

g) Verschiebe ein Plättchen.

h) Verschiebe 2 Plättchen.

2 Welche Zahlen kannst du mit genau 4 Plättchen legen? Finde alle Möglichkeiten.
Erkläre, wie du vorgehst.

T	H	Z	E

Vom Zahlenstrahl zum Rechenstrich

Zahlen bis 10 000

0 1 000 2 000 3 000 4 000 5 000 6 000 7 000 8 000 9 000 10 000

1 a) 0 1 000 2 000 3 000 4 000 5 000 6 000 7 000 8 000 9 000 10 000

600 | ___ | ___ | ___ | ___ | ___

b) 0 1 000 2 000 3 000 4 000 5 000 6 000 7 000 8 000 9 000 10 000

___ | ___ | ___ | ___ | ___ | ___

2 Verbinde.

0 1 000 2 000 3 000 4 000 5 000 6 000 7 000 8 000 9 000 10 000

1 200 | 2 200 | 4 400 | 6 100 | 7 700 | 9 900

3 In welche Schritte ist der Zahlenstrahl eingeteilt? Ergänze.

a) 7 500 7 600 7 700 7 800

7 520 | ___ | ___

Es sind 10 Schritte von 7 500 bis 7 600.
Das sind ______________________.

b) 1 700 1 710 1 720 1 730

___ | ___ | ___

Es sind 10 Schritte von ____________
____
______________________.

Zahlenstrahlen beschriften. Einteilung am Zahlenstrahl beschreiben.
Woran erkennst du die Einteilung der Schritte?

Ich zähle die Anzahl der Schritte von einer Zahl zur nächsten Zahl und erkenne damit die Einteilung.

Vom Zahlenstrahl zum Rechenstrich

Zahlen bis 10 000

der Nachbarzehner

1

V	Z	N
4 255	4 256	4 257
	1 713	
	5 007	

V	Z	N
	2 000	
	3 500	
	7 650	

V	Z	N
1 728		
		6 000
	9 999	

2 Trage die Nachbarzehner ein. Markiere den Zehner, der näher an der Zahl liegt.

a)

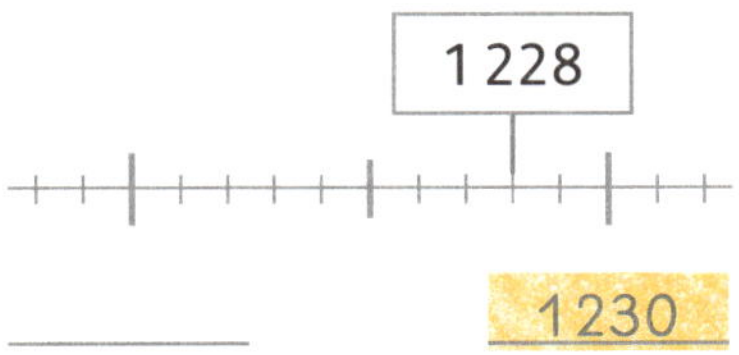

b)

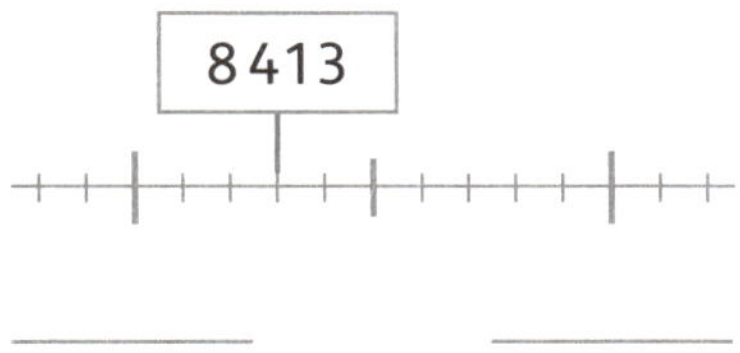

c)

3 Wie heißen die Nachbarzehner (NZ)? Markiere den Zehner, der näher an der Zahl liegt.

NZ	Z	NZ
4 250	4 256	4 260
	4 238	
	4 283	

NZ	Z	NZ
	5 321	
	6 943	
	7 320	

NZ	Z	NZ
	5 995	
	6 001	
	9 999	

4 Rechne vor und zurück zu den Nachbarzehnern.

S.	2	1,	N	r.	4						
a)	5	3	4	3	+	7	=	5	3	5	0
	5	3	4	3	–	3	=	5	3	4	0

a) 5 343, 1 259, 2 006
b) 7 534, 6 098, 3 792
c) 8 488, 9 817, 4 985
d) 4 761, 5 853, 766
e) 2 444, 7 518, 6 322
f) 3 675, 8 989, 9 997

5 Zähle in Schritten. Dein Partner notiert die Zahlen.

a) Immer 20 weiter: 7 370, 7 390, ..., 7 550
b) Immer 30 weiter: 2 180, 2 210, ..., 2 450
c) Immer 20 zurück: 1 600, 1 580, ..., 1 420
d) Immer 30 zurück: 8 360, 8 330, ..., 8 090

Nachbarzahlen und -zehner bestimmen.
Vor und zurück zum Nachbarzehner rechnen.
In Schritten zählen.

Die Nachbarzehner von ... heißen ... und ...
Ich ergänze ... zum nächsten Zehner.

Vom Zahlenstrahl zum Rechenstrich

Zahlen bis 10 000

der Nachbarhunderter

NH	Z	NH
5 300	5 329	5 400

1 Trage die Nachbarhunderter ein. Markiere den Hunderter, der näher an der Zahl liegt.

a) 

4 500 ______

b) 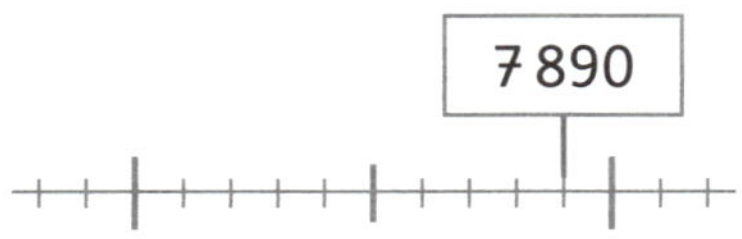

______ ______

c) 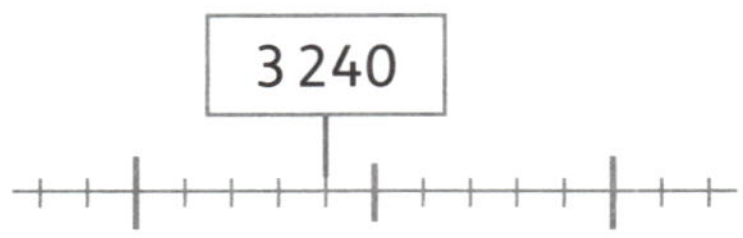

______ ______

2 Wie heißen die Nachbarhunderter (NH)? Markiere den Hunderter, der näher an der Zahl liegt.

NH	Z	NH
4 200	4 256	4 300
	8 420	
	7 080	
	2 531	

NH	Z	NH
	6 351	
	4 878	
	9 104	
	5 649	

NH	Z	NH
	3 736	
	5 982	
	9 915	
	1 493	

3 Rechne vor und zurück zu den Nachbarhundertern.

S.	2	2,	N	r.	3							
a)	5	6	4	7	+	5	3	=	5	7	0	0
	5	6	4	7	–	4	7	=	5	6	0	0

a) 5 647, 3 754, 7 025
b) 9 371, 6 263, 4 380
c) 2 635, 8 118, 3 942
d) 1 525, 6 457, 4 709
e) 2 031, 8 148, 973
f) 5 682, 3 794, 7 066

4 Zähle in Schritten. Dein Partner notiert die Zahlen.

a) Immer 100 weiter: 2 347, 2 447, ..., 3 247
b) Immer 200 weiter: 86, 286, ..., 1 886
c) Immer 100 zurück: 5 601, 5 501, ..., 4 701
d) Immer 200 zurück: 9 311, 9 111, ..., 7 511

5 Zähle am Zahlenstrahl zurück.

a) 4 010 – 1
4 010 – 8
4 010 – 9

b) 7 100 – 1
7 100 – 8
7 100 – 9

c) 6 700 – 1
6 700 – 10
6 700 – 20

d) 10 000 – 1
10 000 – 10
10 000 – 20

e) 10 000 – 2
10 000 – 100
10 000 – 200

Nachbarhunderter bestimmen.
Vor und zurück zum Nachbarhunderter rechnen.
In Schritten zählen.

Die Nachbarhunderter von ... heißen ... und ...
Die Zahl ... liegt näher an ...

Vom Zahlenstrahl zum Rechenstrich

Zahlen bis 10 000

der Nachbartausender

Die Nachbartausender von 4 250 heißen 4 000 und 5 000.

NT	Z	NT
4 000	4 250	5 000

○ **1** Trage die Nachbartausender ein. Markiere den Tausender, der näher an der Zahl liegt.

a)

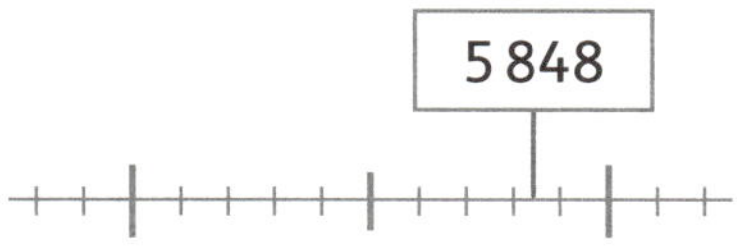

_______ 5 500 _______

b)

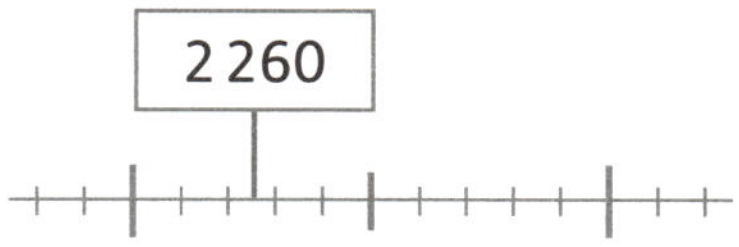

_______ 2 500 _______

c)

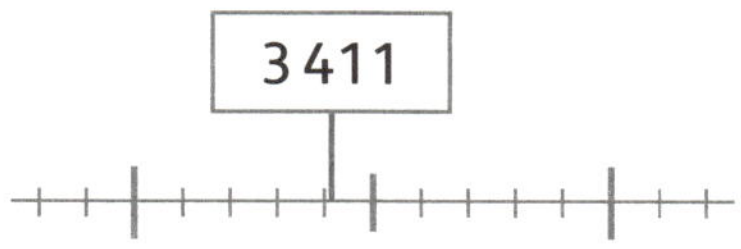

_______ 3 500 _______

○ **2** Wie heißen die Nachbartausender (NT)? Markiere den Tausender, der näher an der Zahl liegt.

NT	Z	NT
5 000	5 800	6 000
	7 700	
	3 900	
	300	

NT	Z	NT
	4 351	
	6 542	
	9 999	
	2 673	

NT	Z	NT
	8 192	
	6 001	
	589	
	9 755	

◒ **3** Rechne vor und zurück zu den Nachbartausendern.

S.	2	3,	N	r.	3								
a)	3	6	0	0	+	4	0	0	=	4	0	0	0
	3	6	0	0	−	6	0	0	=	3	0	0	0

a) 3 600, 4 400, 7 200

b) 2 420, 3 810, 6 990

c) 5 900, 8 130, 450

◒ **4** Zähle in Schritten. Dein Partner notiert die Zahlen.

a) Immer 1 000 weiter: 2 347, 3 347, ..., 9 347

b) Immer 2 000 weiter: 86, 2 086, ..., 8 086

c) Immer 1 000 zurück: 9 601, 8 601, ..., 1 601

d) Immer 2 000 zurück: 9 311, 7 311, ..., 1 311

◒ **5** Zähle am Zahlenstrahl zurück.

a) 4 000 − 1
4 000 − 9
4 000 − 10

b) 7 000 − 9
7 000 − 10
7 000 − 11

c) 6 000 − 100
6 000 − 99
6 000 − 98

d) 10 000 − 100
10 000 − 99
10 000 − 98

e) 10 000 − 1 000
10 000 − 1 001
10 000 − 1 002

Nachbartausender bestimmen.
Vor und zurück zum Nachbartausender rechnen.
In Schritten zählen.

Die Nachbartausender von ... heißen ... und ...
Die Zahl ... liegt näher an ...

Vom Zahlenstrahl zum Rechenstrich

Zahlen bis 10 000

1 a) Vervollständige die Tabelle.

NT	NH	NZ	V	Z	N	NZ	NH	NT
				4 286				
				6 713				
				7 521				
				8 007				
				5 693				

b) An welchem NZ liegen die Zahlen näher? Markiere gelb.

c) An welchem NH liegen die Zahlen näher? Markiere orange.

d) An welchem NT liegen die Zahlen näher? Markiere grün.

e) Bei welcher Zahl ist ein NZ zugleich ein NT? ________

f) Bei welcher Zahl ist ein NZ zugleich der Vorgänger? ________

2 <, > oder = ?

a) 7 500 (>) 5 700   5 070 ◯ 5 700   1 222 ◯ 2 120   1 570 ◯ 1 507

8 100 ◯ 2 800   8 010 ◯ 8 080   4 300 ◯ 3 040   2 468 ◯ 2 486

b) 6 T 4 Z ◯ 4 006   9 T 3 E ◯ 9 030   7 032 ◯ 7 T 2 H   9 909 ◯ 9 T 9 H 9 Z

5 T 3 Z ◯ 5 030   6 T 6 H ◯ 6 006   4 321 ◯ 4 T 3 H 3 Z   1 151 ◯ 1 T 1 H 1 Z

3 Ordne die Zahlen der Größe nach. Beginne mit der kleinsten Zahl.

S. 24, Nr. 3

a) 4004 < 4040 <

a) 4 004   4 404   4 400   4 040   4 444

b) 4 727   7 472   7 742   7 427   7 224

4 a) Male alle passenden Zahlen an.

3 450 > ☐   3 450 < ☐

3 490   3 049   3 940   3 409   3 490   3 049   3 940   3 409

Vergleicht. Was fällt euch auf? Begründet.

b) Ergänze passende Zahlen.

5 060 > ☐   5 060 < ☐

☐ ☐ ☐ ☐   ☐ ☐ ☐ ☐

Nachbarn einer Zahl bestimmen.
Zahlen vergleichen und ordnen.
Passende Zahlen markieren und finden.

... ist kleiner als ... ist kleiner als ...
... ist größer als ...
... ist gleich ...

Vom Zahlenstrahl zum Rechenstrich

der Rechenstrich

Zahlen bis 10 000

1 a) Finde die Mitte. Welche Zahl liegt dort? Notiere.

4 000 ______ 8 000 3 000 ______ 4 000

4 000 ______ 4 600 5 000 ______ 8 000

b) Finde die Mitte. Zeichne einen Rechenstrich, wenn er dir hilft.

3 500 und 3 900 5 000 und 5 500 3 500 und 4 000 6 700 und 7 300

2 Trage folgende Zahlen auf dem Rechenstrich ein. Wo sind sie ungefähr?

a) 2 500, 4 000, 5 000, 7 500 — 0 ______ 10 000

b) 2 000, 4 000, 6 000, 8 000 — 0 ______ 10 000

c) 6 100, 6 500, 6 750, 6 900 — 6 000 ______ 7 000

3 Ergänze. Zeichne einen Rechenstrich, wenn er dir hilft.

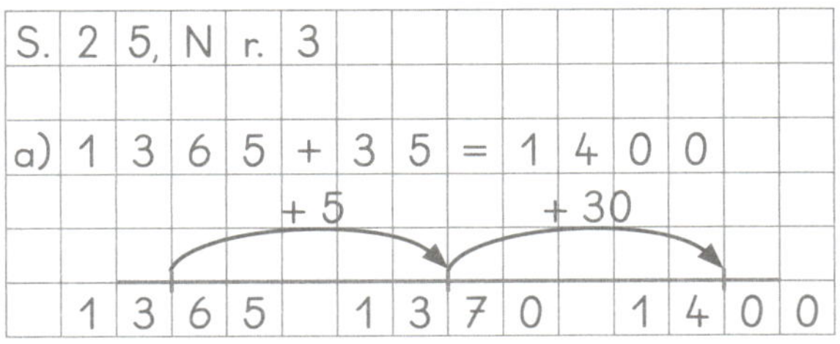

a) 1 365 + __ = 1 400
6 721 + __ = 6 800
7 450 + __ = 7 500

b) 6 288 + __ = 7 000
4 736 + __ = 5 000
7 333 + __ = 8 000

c) 3 300 + __ = 4 000
3 107 + __ = 4 000

d) 2 700 + __ = 10 000
8 140 + __ = 10 000

e) 2 589 + __ = 10 000
6 480 + __ = 10 000

~~35~~ 50 79 264 667 700 712 893 1 860 3 520 4 501 7 300 7 411

Vom Zahlenstrahl zum Rechenstrich

1 In welche Schritte ist der Zahlenstrahl eingeteilt? Ergänze.

a)

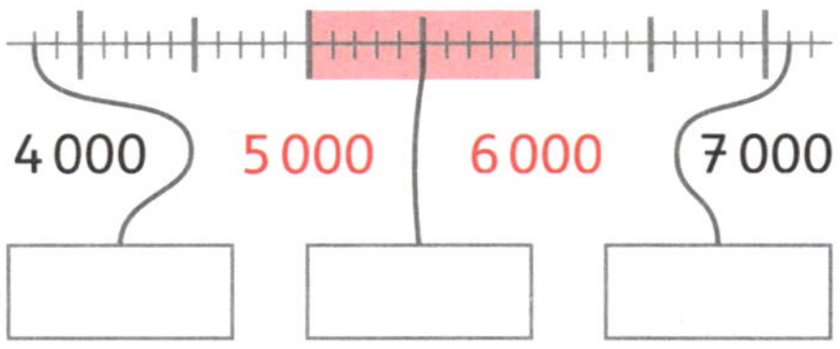

Es sind 10 Schritte von 5 000 bis ________.
Das sind ________________.

b)

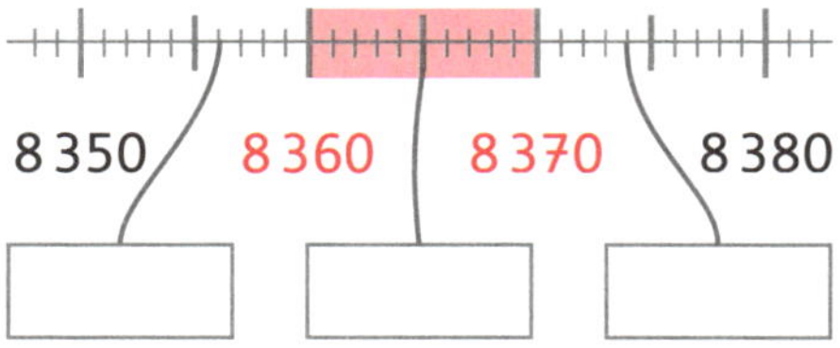

Es sind 10 Schritte von ________________.
Das sind ________________.

c)

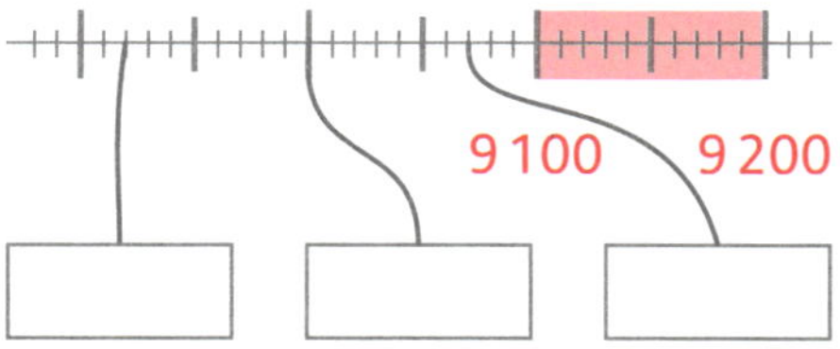

Es sind 10 Schritte von ________________.
Das sind ________________.

2 Wie heißen die Nachbarn? Markiere jeweils den Nachbarn, der näher an der Zahl liegt.

NZ	Z	NZ
	3 789	
	6 271	
	9 556	

NH	Z	NH
	4 280	
	8 955	
	3 014	

NT	Z	NT
	7 003	
	5 721	
	9 532	

3 Ordne die Zahlen der Größe nach. Beginne mit der kleinsten Zahl.

a) 3 616 3 161 3 166 3 611

b) 5 010 1 510 5 001 1 501

4

Zum Nachbartausender ergänzen:

Von jedem Stapel eine Zahlenkarte ziehen. Daraus die Zahl legen.

Der Partner ergänzt zum nächsten Nachbartausender.

Gespielt mit: ________________

Zahlenstrahlen beschriften. Nachbarzahlen bestimmen.
Zahlen ordnen. Am Rechenstrich ergänzen.

Vom Zahlenstrahl zum Rechenstrich

1 Zeichne immer gleich große Sprünge ein.

a) von 6 000 bis 9 000 in 3 Sprüngen

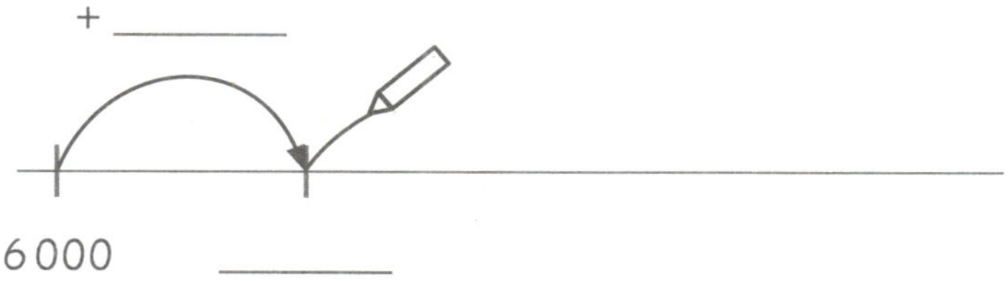

b) von 2 500 bis 7 500 in 2 Sprüngen

c) von 3 200 bis 4 800 in 4 Sprüngen

d) von 3 600 bis 4 600 in 5 Sprüngen

Warum sind hier 5 gleich große Sprünge möglich? Begründe.

____

____

e) von 3 600 bis 4 600 in 3 Sprüngen

Warum sind hier 3 gleich große Sprünge unmöglich? Begründe.

____

____

2

Meine Zahl ist größer als 8 000 und kleiner als 8 800. Sie besteht aus den Ziffern 0 und 8.

Diese Zahlen können es sein: ______, ______, ______

Meine Zahl ist größer als 2 200 und kleiner als 5 500. Sie besteht aus 4 gleichen Ziffern.

Diese Zahlen können es sein: ______, ______, ______

____

____

____

____

Zahlen bis 100 000

der Hunderttausender

!

1 Hunderttausender	1 Zehntausender	1 Tausender	1 Hunderter	1 Zehner	1 Einer
1 HT = 10 ZT	1 ZT = 10 T	1 T = 10 H	1 H = 10 Z	1 Z = 10 E	1 E

○ **1** a) 4 ZT 1 T 8 H 5 Z 2 E

40 000 ____ ____ ____ ____

____

3 ZT 2 T 1 H 9 Z 7 E

____ ____ ____ ____ ____

____

b) __ ZT __ T __ H __ Z __ E

____ ____ ____ ____ ____

2 3 9 4 5

____

__ ZT __ T __ H __ Z __ E

____ ____ ____ ____ ____

59 318

c) __ ZT __ T __ H __ Z __ E

____ ____ ____ ____ ____

1 5 3 6 0

____

__ ZT __ T __ H __ Z __ E

____ ____ ____ ____ ____

77 634

○ **2**

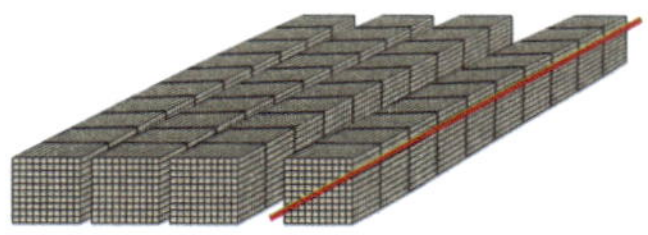

a) 20 000 + 30 000 = 50 000
70 000 + 10 000 = ____
40 000 + 50 000 = ____
10 000 + 60 000 = ____
80 000 + 20 000 = ____

b) 40 000 − 10 000 = 30 000
70 000 − 30 000 = ____
80 000 − 20 000 = ____
60 000 − 50 000 = ____
90 000 − 70 000 = ____

Zahlen bis 100 000 darstellen.
Analogien beim Rechnen nutzen.

2 Zehntausender plus 3 Zehntausender sind 5 Zehntausender.
20 000 plus 30 000 sind 50 000.

Zahlen bis 100 000

2 ZT | 4 T | 3 H | 6 Z | 3 E

20 000 | 4 000 | 300 | 60 | 3

1 a) 5 ZT 1 T 2 H 7 Z 0 E

ZT	T	H	Z	E

b) 3 ZT 8 T 0 H 9 Z 6 E

ZT	T	H	Z	E

c) __ ZT __ T __ H __ Z __ E

5 9 4 3 1

ZT	T	H	Z	E

d) __ ZT __ T __ H __ Z __ E

ZT	T	H	Z	E
8	0	9	4	2

2 a) 3 5 2 9 1 = ☐ + ☐ + ☐ + ☐ + ☐

7 1 6 5 8 = ☐ + ☐ + ☐ + ☐ + ☐

9 3 8 4 0 = ☐ + ☐ + ☐ + ☐ + ☐

b) S. 29, Nr. 2

b) 13842 = 10000 +

1 3 8 4 2

4 0 6 1 3

2 7 8 0 5

9 9 0 3 0

Zahlen bis 100 000 mit Zahlenkarten legen, ablesen und in die Stellenwerttafel eintragen.

2 Zehntausender sind 20 000, 4 Tausender sind ..., 3 Hunderter sind ..., 6 Zehner sind ..., 5 Einer sind ...

Zahlen bis 100 000

1 Tausche und notiere die Zahlen.

13 T | 4 H | 6 Z | 2 E

ZT	T	H	Z	E
1	3	4	6	2

13 462

4 ZT | 23 T | 4 Z | 7 E

ZT	T	H	Z	E

____

8 ZT | 2 T | 11 H | 9 Z | 8 E

ZT	T	H	Z	E

____

1 ZT | 10 T | 16 Z | 2 E

ZT	T	H	Z	E

____

2 ZT | 22 T | 11 H | 58 E

ZT	T	H	Z	E

____

2 Notiere.

a) 20 E = 2 Z
50 E = ____
90 E = ____
100 E = ____

b) 60 Z = ____
70 Z = ____
20 Z = ____
100 Z = ____

c) 30 H = ____
10 H = ____
80 H = ____
100 H = ____

d) 40 T = ____
80 T = ____
60 T = ____
100 T = ____

e) 25 T = 2 ZT 5 T
83 T = ____
54 T = ____
49 T = ____

f) 35 H = ____
42 H = ____
13 H = ____
26 H = ____

g) 71 Z = ____
63 Z = ____
37 Z = ____
99 Z = ____

h) 158 E = ____
180 E = ____
166 E = ____
198 E = ____

Im Zehnersystem bündeln und tauschen.

Ich tausche ... Einer in ... Zehner, ... Zehner in ... Hunderter, ... Hunderter in ... Tausender und ... Tausender in ...

Zahlen bis 100 000

20 000 zwanzigtausend
25 000 fünfundzwanzigtausend
25 600 fünfundzwanzigtausendsechshundert
25 630 fünfundzwanzigtausendsechshundertdreißig
25 634 fünfundzwanzigtausendsechshundertvierunddreißig

sieben | und | neunzigtausend   einhundert | sechs | und | vierzig

1 a) Lies die Zahlen und notiere.

vierundfünfzigtausendzweihundertdreiundsechzig ________
siebzehntausendeinhundertfünfzehn ________
fünfundzwanzigtausenddreihundertvier ________
zweiunddreißigtausendsiebenundfünfzig ________
achtzigtausendeinhundertdreißig ________
sechsundvierzigtausendundzwei ________

b) Schreibe die Zahlwörter.

9 1 3 1 2   7 7 5 8 4   6 0 6 2 9   8 3 0 4 5

c) Lies die Zahlen vor. Dein Partner kontrolliert.

18 423, 29 358, 86 436, 74 160, 59 018, 30 004, 50 555, 99 909

2 Was passt? Kreuze an.

a)

8 1 2 5 8

- einundachtzigtausendzweihundertfünfundachtzig ☐
- achtundzwanzigtausendzweihundertachtundfünfzig ☐
- einundachtzigtausendzweihundertachtundfünfzig ☐

b)

fünfundneunzigtausenddreihundertzweiundsiebzig

- 9 5 3 2 7 ☐
- 9 5 3 7 2 ☐
- 5 9 3 7 2 ☐

Zahlen bis 100 000

1 a) 5 ZT 2 T 6 H 8 Z 2 E | 3 ZT 4 T 1 H 6 Z 5 E

b) __ ZT __ T __ H __ Z __ E (7 9 1 0 6) | __ ZT __ T __ H __ Z __ E

40 587

2

9 4 5 8 2 = ☐ + ☐ + ☐ + ☐ + ☐

2 0 6 6 8 = ☐ + ☐ + ☐ + ☐ + ☐

3 Tausche und notiere die Zahlen.

				ZT	T	H	Z	E
1 ZT	17 T	5 Z	4 E					
7 ZT	3 T	11 Z	3 E					
8 ZT	10 T	15 H	25 E					

4

Zahlen vergleichen:

Abwechselnd 5-mal würfeln. Jede Ziffer auf einem freien Platz in der Stellenwerttafel eintragen. Zahlen vergleichen. Die kleinere Zahl erhält einen Punkt.

Gespielt mit: ______________

Zahlen bis 100 000 darstellen, im Zehnersystem bündeln und tauschen und in die Stellenwerttafel eintragen.

Zahlen bis 100 000

1

Gegeben ist die Zahl ________.

ZT	T	H	Z	E
●●●●●●	●●●●●●●●●	●		●●●●●●●●●

Welche Zahlen können entstehen?

a) Lege ein Plättchen dazu.
Zahlen: ______________________________
____

b) Lege 2 Plättchen dazu.
Zahlen: ______________________________
____

c) Nimm ein Plättchen weg.
Zahlen: ______________________________
____
____

d) Nimm 2 Plättchen weg.
Zahlen: ______________________________
____
____

e) Lege 3 Plättchen dazu.
Zahlen: ______________________________
____
____

f) Nimm 3 Plättchen weg.
Zahlen: ______________________________
____
____

g) Verschiebe ein Plättchen.

h) Verschiebe 2 Plättchen.

2 Welche 5-stelligen Zahlen kannst du mit genau 20 Plättchen legen? Notiere 20 Zahlen.

Notiere die größte und die kleinste 5-stellige Zahl.

ZT	T	H	Z	E

größte 5-stellige Zahl: ________

kleinste 5-stellige Zahl: ________

Addition und Subtraktion bis 100 000

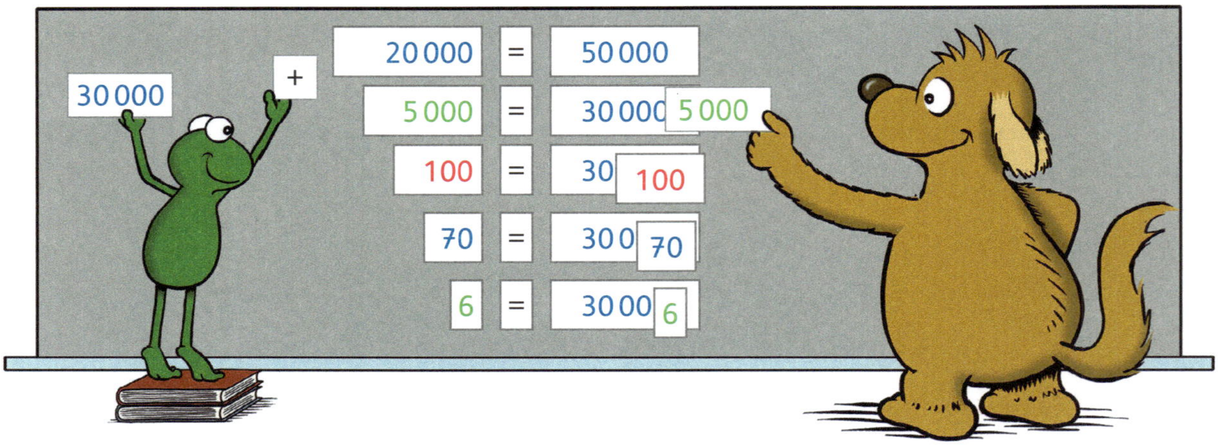

1

a)	b)	c)
60 000 + 30 000 = ______	82 000 + 10 000 = ______	51 300 + 40 000 = ______
60 000 + 3 000 = ______	82 000 + 1 000 = ______	51 300 + 4 000 = ______
60 000 + 300 = ______	82 000 + 100 = ______	51 300 + 400 = ______
60 000 + 30 = ______	82 000 + 10 = ______	51 300 + 40 = ______
60 000 + 3 = ______	82 000 + 1 = ______	51 300 + 4 = ______

2

a)	b)	c)
99 999 − 80 000 = ______	78 645 − 40 000 = ______	67 876 − 60 000 = ______
99 999 − 8 000 = ______	78 645 − 4 000 = ______	67 876 − 6 000 = ______
99 999 − 800 = ______	78 645 − 400 = ______	67 876 − 600 = ______
99 999 − 80 = ______	78 645 − 40 = ______	67 876 − 60 = ______
99 999 − 8 = ______	78 645 − 4 = ______	67 876 − 6 = ______

3

a)	b)	c)
70 700 + 300 = ______	42 300 − 400 = ______	30 200 − 6 000 = ______
70 700 + 500 = ______	42 300 − 2 300 = ______	30 200 − 600 = ______
70 700 + 2 300 = ______	42 300 − 2 400 = ______	30 200 − 6 600 = ______

23 600 24 200 26 900 29 600 39 900 40 000 41 900 71 000 71 200 73 000

4 Fahre auf und ab mit dem Fahrstuhl. Kontrolliere mit der Lösungszahl.

1 000

77 777 − 7 000 = 70 777
69 997 + 9 003 = ______
70 777 − 77 = ______
100 000 − 99 000 = ______
70 700 + 300 = ______
79 000 + 21 000 = ______
71 000 − 1 003 = ______

1 000

55 500 + 500 = ______
62 000 + 37 000 = ______
29 000 + 33 000 = ______
51 000 − 20 500 = ______
99 000 − 98 000 = ______
56 000 − 5 000 = ______
30 500 − 1 500 = ______

Bei Addition und Subtraktion die Stellenwerte beachten.

Ich löse die 1. Fahrstuhlaufgabe.
Das Ergebnis finde ich in einem anderen Stockwerk. Dort rechne ich weiter.

Addition und Subtraktion bis 100 000

Ich addiere 3 125 und 250. Die Summe ist 3 375.

93 125 + 250

Ich nutze deine leichtere Aufgabe und addiere 93 125 und 250. Die Summe ist 93 375.

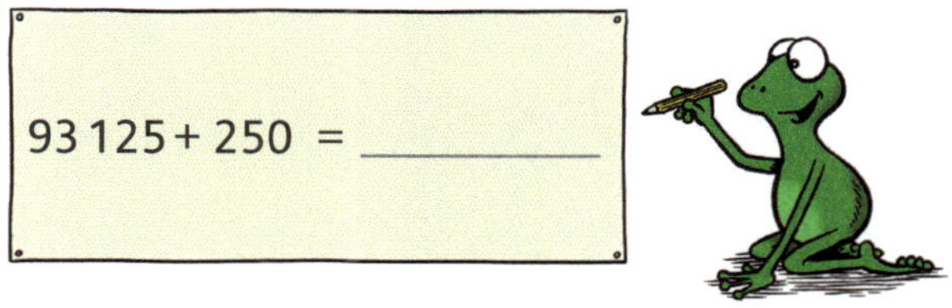

1

a) 570 + 300 = ______
3 570 + 300 = ______
43 570 + 300 = ______

b) 440 + 250 = ______
8 440 + 250 = ______
28 440 + 250 = ______

c) 750 + 125 = ______
7 750 + 125 = ______
67 750 + 125 = ______

d) 810 − 400 = ______
6 810 − 400 = ______
56 810 − 400 = ______

e) 860 − 530 = ______
9 860 − 530 = ______
39 860 − 530 = ______

f) 570 − 255 = ______
3 570 − 255 = ______
83 570 − 255 = ______

2

a) 498 + 7 = ______
4 498 + 7 = ______
64 498 + 7 = ______

b) 890 + 60 = ______
7 890 + 60 = ______
57 890 + 60 = ______

c) 790 + 400 = ______
3 790 + 400 = ______
23 790 + 400 = ______

d) 302 − 7 = ______
8 302 − 7 = ______
38 302 − 7 = ______

e) 140 − 90 = ______
4 140 − 90 = ______
54 140 − 90 = ______

f) 908 − 500 = ______
9 908 − 500 = ______
10 908 − 500 = ______

3

a) Immer + 400, − 90.

12 550 — ___ — ___ — ___ — 13 170

Immer − 600, + 50.

71 050 — ___ — ___ — ___ — 69 950

b) Immer + ______, − ______.

83 750 — 84 000 — 83 020 — ___ — ___

Immer − ______, + ______.

___ — ___ — 50 675 — 50 250 — 51 100

4 Die Einwohnerzahl der Stadt Hildesheim betrug Ende 2013 noch 99 390 Einwohner, Ende 2014 waren es 580 Einwohner mehr.
Wie viele Einwohner waren es Ende 2014?

Bei Addition und Subtraktion die Stellenwerte beachten.
Sachaufgabe lösen.
MK Algorithmen erkennen 3

570 + 300 = 870, das bleibt unverändert, wenn Tausender dazukommen:
43 570 + 300 = 43 870.

Addition und Subtraktion bis 100 000

○ **1** a)

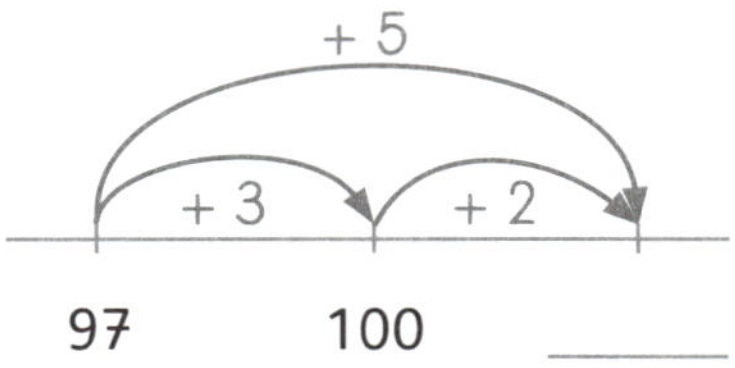

b)

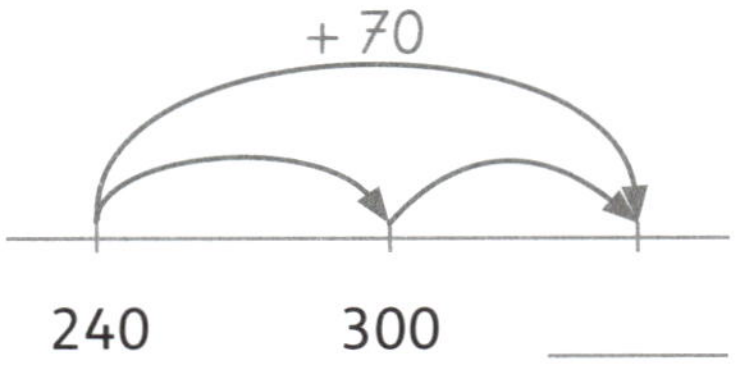

c)

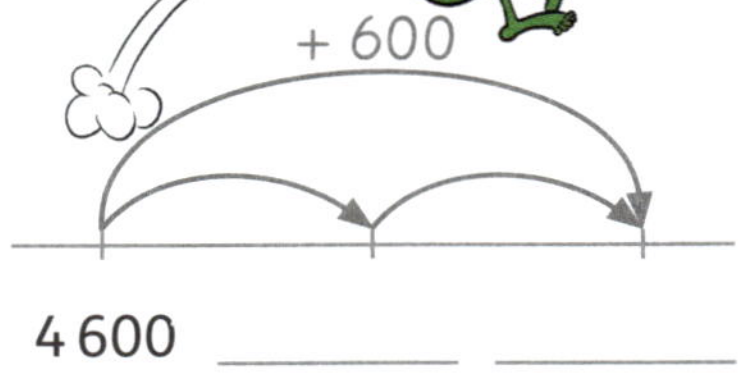

97 + 5 = ______
697 + 5 = ______
8 397 + 5 = ______
5 997 + 5 = ______
67 997 + 5 = ______

240 + 70 = ______
840 + 70 = ______
5 740 + 70 = ______
37 940 + 70 = ______
19 940 + 70 = ______

4 600 + 600 = ______
9 600 + 600 = ______
28 600 + 600 = ______
46 600 + 600 = ______
89 600 + 600 = ______

○ **2** a)

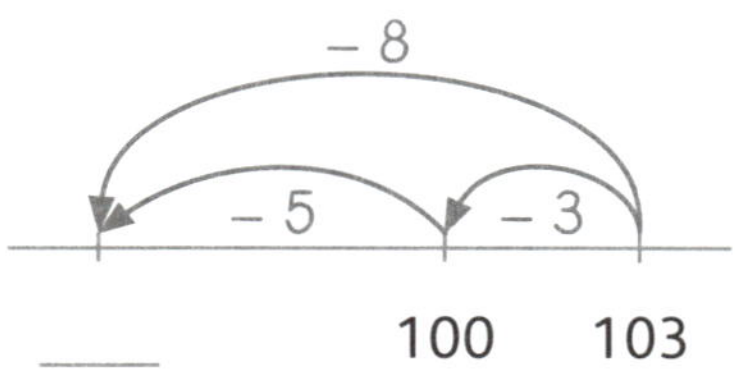

b)

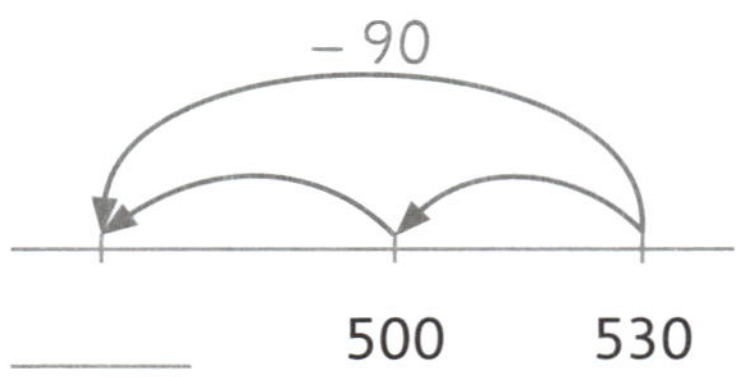

c)

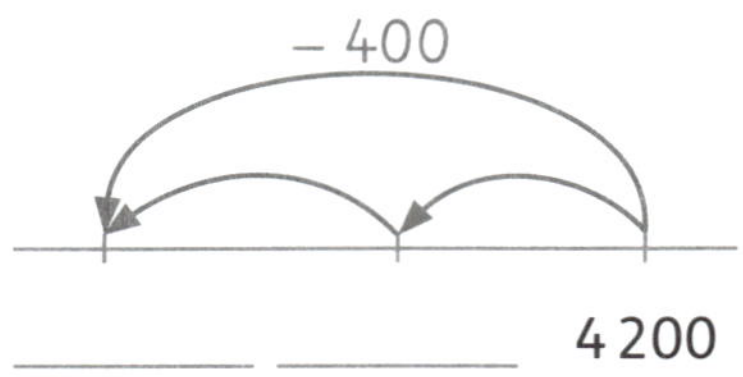

103 – 8 = ______
803 – 8 = ______
1 503 – 8 = ______
5 003 – 8 = ______
9 903 – 8 = ______

530 – 90 = ______
830 – 90 = ______
1 030 – 90 = ______
3 030 – 90 = ______
34 030 – 90 = ______

4 200 – 400 = ______
8 200 – 400 = ______
20 200 – 400 = ______
40 200 – 400 = ______
99 200 – 400 = ______

◒ **3** a)

	___	
___		___
2 695	5	295

	4 000	
___		___
3 592	8	___

	10 000	
___		___
___	9	3 991

	___	
___		___
10 990	60	9 890

	50 000	
___		___
29 992	8	___

	100 000	
___		___
___	900	74 100

● b) Schreibe 3 Zahlenmauern für deinen Partner.
Alle Aufgaben sollen im Kopf lösbar sein.
Der Zielstein soll nicht größer als 10 000 sein.

Additions- und Subtraktionsaufgaben mit Tausenderübergang im Kopf lösen.

Wenn ich die Zwischenergebnisse am Rechenstrich notiere, kann ich die Aufgabe leichter lösen.

Addition und Subtraktion bis 100 000

1 a)

+	50	150	159
230			
8 230			
940			
3 940			
23 940			

b)

−	60	160	169
1 150			
8 150			
860			
3 860			
53 860			

c) Wie bist du beim Lösen der Tabellen vorgegangen? Erkläre.

2 Finde die Fehler. Markiere sie. Notiere richtig.

a)

+	550	1 550	1 559
9 450	~~9 900~~	11 000	11 909
89 450	90 000 ✓	91 900	91 509

+	550	1 550	1 559
9 450	10 000		
89 450	90 000		

b)

−	5 000	5 070	5 770
32 230	37 230	27 160	27 090
72 930	67 930	67 070	66 370

−	5 000	5 070	5 770
32 230			
72 930			

3 Löse die Zahlenrätsel. Trage auch deinen Lösungsweg ein.

☐ —:2→ ☐ —− 8→ 4 992

4 992 —+ 8→ ☐ —· 2→ ☐

☐ → ☐ → 10 000

10 000 → ☐ → ☐

☐ → ☐ → 10 000

10 000 → ☐ → ☐

______

______

______

______

Addition und Subtraktion bis 100 000

die Quersumme

Quersumme

Rechne quer durch die Zahl.

Zahl	Quersumme	Qs
112	1 + 1 + 2 = 4	Qs: 4
3 139	3 + 1 + 3 + 9 = 16	Qs: 16
1 205	1 + 2 + 0 + 5 = 8	Qs: 8

Wörter bestehen aus Buchstaben. Zahlen bestehen aus Ziffern.

! Die **Quersumme** ist die Summe aller Ziffern einer Zahl.

○ **1** Berechne die Quersumme.

3 456
3 + 4 + 5 + 6 = ____
Qs: ____

7 806
7 + ______________
Qs: ____

55 555
____
Qs: ____

○ **2** Zeichne in jede Stellenwerttafel 12 Plättchen. Bilde dabei die größte Zahl, die kleinste Zahl und eine beliebige Zahl. Berechne dann die Quersumme.

T	H	Z	E

____
Qs: ____

T	H	Z	E

____
Qs: ____

T	H	Z	E

____
Qs: ____

◒ **3** Gegeben ist die Zahl ________. Qs: ____
Welche Zahlen können entstehen?

T	H	Z	E
●●●●	●	●●	●●●

a) Nimm ein Plättchen weg.
Zahlen: ________ ________ ________ ________
Qs: ____ Qs: ____ Qs: ____ Qs: ____

b) Verschiebe ein Plättchen.
Zahlen: ________ ________ ________ ________ ________ ________
Qs: ____ Qs: ____ Qs: ____ Qs: ____ Qs: ____ Qs: ____
________ ________ ________ ________ ________ ________
Qs: ____ Qs: ____ Qs: ____ Qs: ____ Qs: ____ Qs: ____

● c) Betrachte die Quersummen. Was fällt dir auf? Erkläre.

Quersummen bestimmen. Quersummen als Plättchenanzahl in der Stellenwerttafel erkennen.
Welches System hilft dir, alle Zahlen zu finden?

Ich addiere alle Ziffern quer durch die Zahl. Die Summe ist dann die Quersumme.

Addition und Subtraktion bis 100 000

1 Verändere die Aufgaben so, wie es angegeben ist.

a)

46 750 + 250 = ______
______ + ______ = ______
______ + ______ = ______

1. Summand immer + 2 000
2. Summand immer + 1 000
Summe immer ______

b)

39 000 − 500 = ______
______ − ______ = ______
______ − ______ = ______

Minuend immer + 2 000
Subtrahend immer + 1 000
Differenz immer ______

c) Die Ergebnisse verändern sich unterschiedlich. Erkläre.

2 Finde das Muster. Berichtige die Froschaufgabe.

9 200 + 1 050 = 10 250 ______
9 450 + 1 050 = 10 500 ______
9 700 + 1 500 = 11 200 ______
9 950 + 1 050 = 11 000 ______

55 555 − 500 = 55 055 ______
66 666 − 600 = 66 066 ______
77 777 − 700 = 77 077 ______
88 888 − 900 = 87 998 ______

3 Löse und beschreibe. Verwende dabei die Fachbegriffe.

a)

1 199 + 499 = ______
3 399 + 399 = ______
5 599 + 299 = ______
______
______

b)

25 100 − 400 = ______
25 300 − 600 = ______
25 500 − 800 = ______
______
______

c)

55 555 − ____ = 55 500
66 666 − ____ = 66 600
77 777 − ____ = 77 700
______
______

S. 39, Nr. 3

a) Wenn der 1. Summand 2 200 größer wird und der 2. Summand 100 kleiner wird, dann wird die Summe ...

Froschaufgaben systematisch fortsetzen. Fehler in Mustern korrigieren.
Muster in der Fachsprache beschreiben.
MK Algorithmen erkennen 1 – 3

Wenn der Minuend ... größer wird und der Subtrahend ... größer wird, dann verändert sich die Differenz ...

Addition und Subtraktion bis 100 000

1 Ergänze die Tabelle.

Das größte Tier auf der Erde ist der Blauwal. Sein Gewicht beträgt bis zu 190 t.

Das ist so schwer wie etwa 2 500 Menschen zusammen.

Gewicht in Tonnen (t)	t			7 600 t
Anzahl Blauwale	1	10	20	40
Anzahl Menschen	2 500			

2 a) Kreuze die richtige Antwort an.

Wenn der Blauwal frisst, dann nimmt er einen großen „Schluck“ Meerwasser. Darin schwimmt genügend Krill für seine Ernährung. Ein Schluck eines jungen Blauwals von etwa 10 Jahren ist allerdings so groß wie ein Pool. Das sind ungefähr 18 000 l.

Wie viele Liter sind dann 4 Schlucke dieses Blauwals?

☐ 48 000 l ☐ 72 000 l ☐ 76 000 l

b) Stelle eine eigene Frage. Dein Partner löst sie.

Ein Blauwaljunges trinkt täglich mehr als 250 l Milch.

Ein Schluck eines ausgewachsenen Blauwals fasst ungefähr 80 000 l.

3

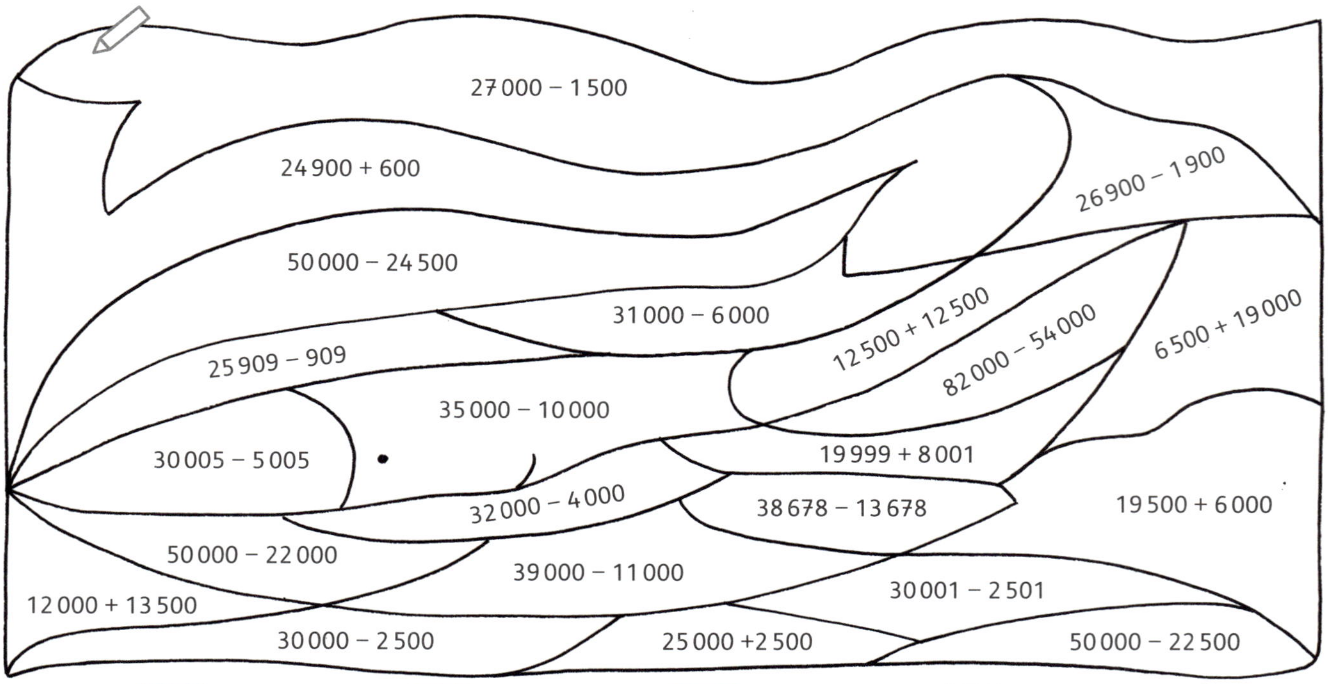

25 000 25 500 27 500 28 000

Addition und Subtraktion bis 100 000

1 a)
450 + 500 = ______
6 450 + 500 = ______
96 450 + 500 = ______

b)
320 + 320 = ______
4 320 + 320 = ______
64 320 + 320 = ______

c)
270 + 625 = ______
6 270 + 625 = ______
36 270 + 625 = ______

d)
990 − 600 = ______
9 990 − 600 = ______
99 990 − 600 = ______

e)
770 − 250 = ______
5 770 − 250 = ______
75 770 − 250 = ______

f)
645 − 335 = ______
3 645 − 335 = ______
43 645 − 335 = ______

2 a)

597

597 + 6 = ______
88 597 + 6 = ______

______

960 + 50 = ______
13 960 + 50 = ______

______

6 700 + 800 = ______
56 700 + 800 = ______

b)

8 303

8 303 − 8 = ______
28 303 − 8 = ______

______

5 010 − 20 = ______
45 010 − 20 = ______

______

3 100 − 600 = ______
13 100 − 600 = ______

3 a)

+	60	260	267
1 800			
10 800			
4 990			
24 990			

b)

−	90	490	491
1 200			
10 200			
9 190			
59 190			

709 710 1 110 1 860 2 060 2 067 5 050 5 250 5 257 8 699 8 700 9 100 9 709 9 710 10 110 10 860 11 060 11 067 25 050 25 250 25 257 58 669 58 699 58 700 59 100

4

Quersummen berechnen:

Eine 5-stellige Zahl würfeln und notieren. Der Partner berechnet die Quersumme dieser Zahl.

Gespielt mit: ______

Zahlen bis 1 000 000

die Million

!

1 Hunderttausender	1 Zehntausender	1 Tausender	1 Hunderter	1 Zehner	1 Einer
1 HT = 10 ZT	1 ZT = 10 T	1 T = 10 H	1 H = 10 Z	1 Z = 10 E	1 E

○ **1** a) 4 HT   2 ZT   9 T   5 H   7 Z   8 E

400 000 ___ ___ ___ ___ ___

____

b) __ HT   __ ZT   __ T   __ H   __ Z   __ E

___ ___ ___ ___ ___ ___

3 6 7 1 8 7

____

○ **2**

a) 300 000 + 200 000 = 500 000
400 000 + 300 000 = ________
100 000 + 700 000 = ________
300 000 + 700 000 = ________
800 000 + 200 000 = ________

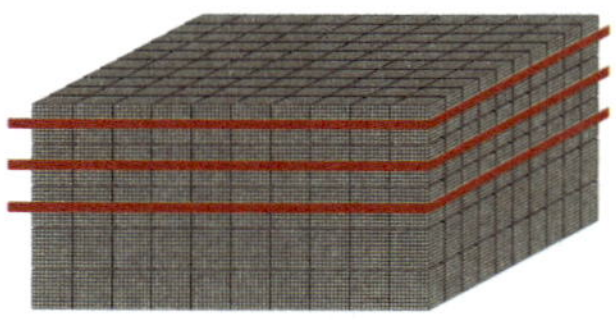

b) 500 000 − 300 000 = 200 000
600 000 − 500 000 = ________
900 000 − 200 000 = ________
400 000 − 100 000 = ________
700 000 − 600 000 = ________

Zahlen bis 1 000 000 darstellen.
Analogien beim Rechnen nutzen.

3 Hunderttausender plus 2 Hunderttausender sind 5 Hunderttausender.

Zahlen bis 1 000 000

1 HT 2 ZT 3 T 9 H 5 Z 6 E

100 000 | 20 000 | 3 000 | 900 | 50 | 6

1 a) 4 HT 5 ZT 9 T 6 H 7 Z 8 E

HT	ZT	T	H	Z	E

b) 3 HT 7 ZT 9 T 1 H 8 Z 6 E

HT	ZT	T	H	Z	E

c) __ HT __ ZT __ T __ H __ Z __ E

5 9 2 7 8 1

HT	ZT	T	H	Z	E

d) __ HT __ ZT __ T __ H __ Z __ E

HT	ZT	T	H	Z	E
9	2	3	0	7	4

2 a) 1 8 4 9 2 6 = ___ + ___ + ___ + ___ + ___ + ___

7 6 3 1 5 2 = ___ + ___ + ___ + ___ + ___ + ___

b) S. 43, Nr. 2

b) 987921 = 900000 + 80000 +

9 8 7 9 2 1 1 9 8 7 6 2 4 7 3 1 8 2 6 1 9 4 2 8

Zahlen bis 1 000 000

4 6 3 9 5 8

463tausend958

vierhundert | drei | und | sechzigtausend | neunhundert | acht | und | fünfzig

1 a) Lies die Zahlen und notiere.

dreihundertneunundachtzigtausendfünfhundertvierundsechzig ____________

neunhundertdreiundsiebzigtausendachthundertzweiundfünfzig ____________

vierhundertachtundneunzigtausendzweihundertdreißig ____________

zweihundertvierzigtausendsechshunderteins ____________

einhundertsechsundsechzigtausendsiebenhundertdreiundzwanzig ____________

sechshunderteinundzwanzigtausendfünfhundertfünfunddreißig ____________

b) Schreibe die Zahlwörter.

1 7 9 3 2 1   3 5 6 1 4 7   7 3 9 9 9 9

c) Lies die Zahlen vor. Dein Partner kontrolliert.

989 264, 528 671, 633 498, 888 991, 900 561, 813 501, 234 120, 333 555

2 Was passt? Kreuze an.

a) 6 9 7 5 6 8

- sechshundertsiebenundneunzigtausendfünfhundertsechsundachtzig ☐
- sechshundertsiebenundneunzigtausendfünfhundertachtundsechzig ☐
- sechshundertneunundsiebzigtausendfünfhundertachtundsechzig ☐

b) achthundertneunundvierzigtausendfünfhunderteinundzwanzig

- 8 9 4 5 1 2 ☐
- 8 4 9 5 1 2 ☐
- 8 4 9 5 2 1 ☐

Zahlwörter lesen und schreiben.
Zahlen und Zahlwörter zuordnen.
Wie werden die Zahlen gesprochen?

4

Ich schreibe 463 958. Ich lese: vierhundertdreiundsechzigtausend-neunhundertachtundfünfzig.

Zahlen bis 1 000 000

1 a) 300 000 + 500 000 = ______
400 000 + 600 000 = ______
200 000 + 700 000 = ______
100 000 + 900 000 = ______
400 000 + 400 000 = ______

b) 900 000 − 800 000 = ______
800 000 − 600 000 = ______
400 000 − 300 000 = ______
500 000 − 200 000 = ______
900 000 − 700 000 = ______

2 a) 2 HT 6 ZT 9 T 4 H 5 Z 8 E

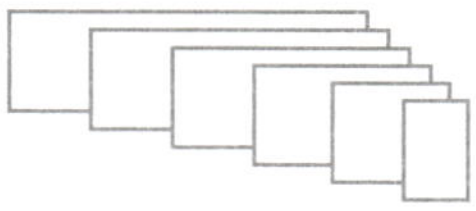

HT	ZT	T	H	Z	E

b) 6 HT 3 ZT 5 T 9 H 8 Z 1 E

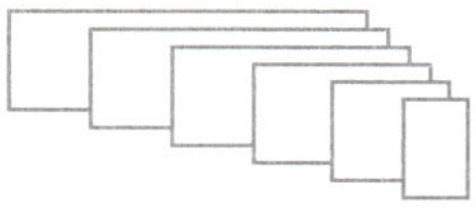

HT	ZT	T	H	Z	E

c) __ HT __ ZT __ T __ H __ Z __ E

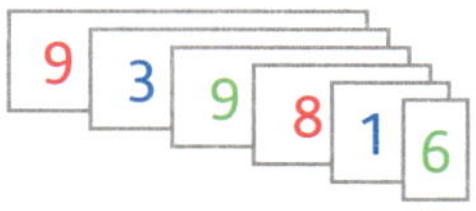

HT	ZT	T	H	Z	E

d) __ HT __ ZT __ T __ H __ Z __ E

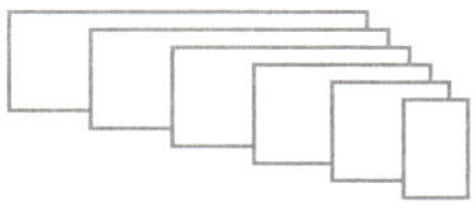

HT	ZT	T	H	Z	E
5	0	3	1	6	9

3 a) Lies die Zahlen und notiere.

siebenhundertzweiundachtzigtausendfünfhundertvierundsechzig ______
zweihundertdreiundvierzigtausendfünfhundertvier ______
achthundertsechsundsiebzigtausendneunhundertzweiundzwanzig ______
neunhundertachtundneunzigtausendzweihundertdreißig ______
einhundertfünfundfünfzigtausendsiebenhundertsiebenundzwanzig ______

b) Lies die Zahlen vor. Dein Partner kontrolliert.
387 938, 582 359, 728 163, 767 331, 700 651, 113 409, 334 220, 676 676

4

Zahlen vergleichen:

Abwechselnd 6-mal würfeln. Jede Ziffer auf einen freien Platz in der Stellenwerttafel eintragen. Zahlen vergleichen. Die größere Zahl erhält einen Punkt.

Gespielt mit: ______

Analogien beim Rechnen nutzen.
Zahlen bis 1 000 000 ablesen und in die Stellenwerttafel eintragen.
Zahlwörter lesen und als Zahl notieren.

Vom Zahlenstrahl zum Rechenstrich

Zahlen bis 1 000 000

Es sind 10 Schritte von 700 000 bis 800 000.
Das sind Zehntausenderschritte:
700 000, 710 000, 720 000, …

Hier ist 765 000.

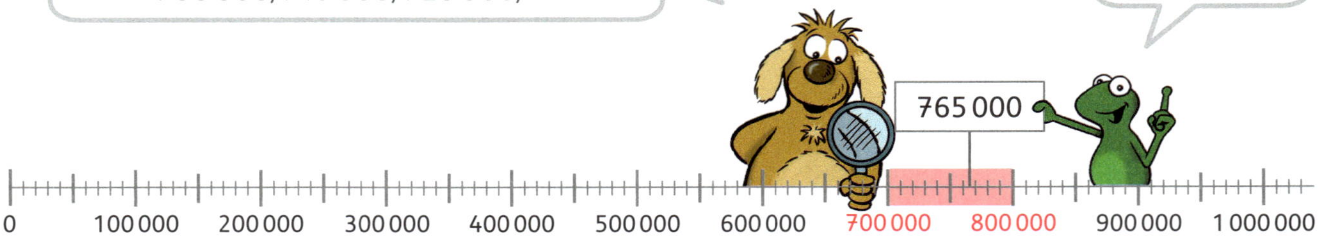

1

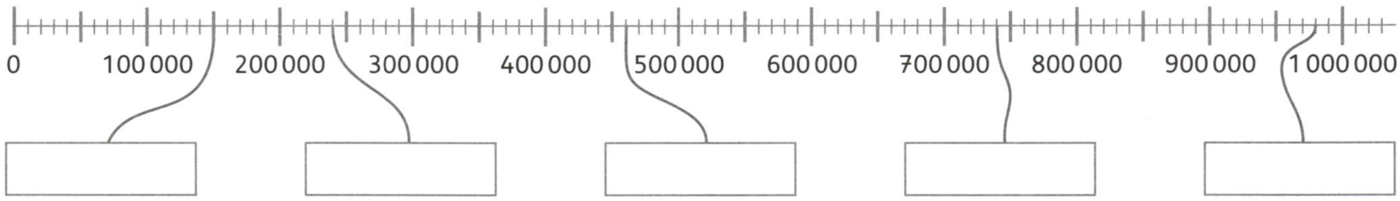

2 Verbinde.

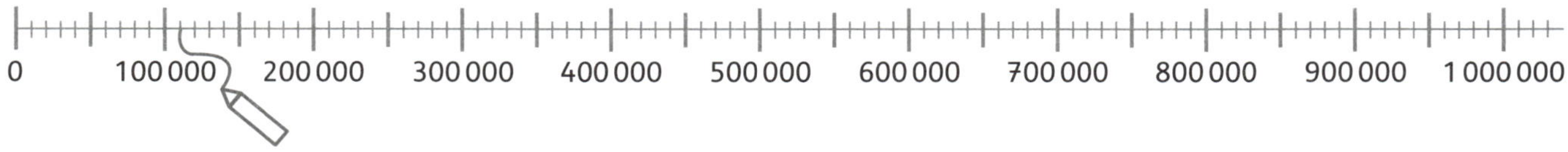

110 000 | 290 000 | 420 000 | 680 000 | 930 000

3 In welche Schritte ist der Zahlenstrahl eingeteilt? Ergänze.

a)

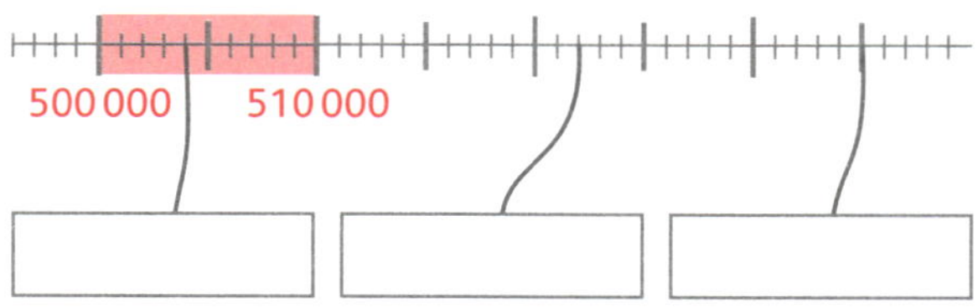

Es sind 10 Schritte von ______________
______________________________.
Das sind ______________________.

b)

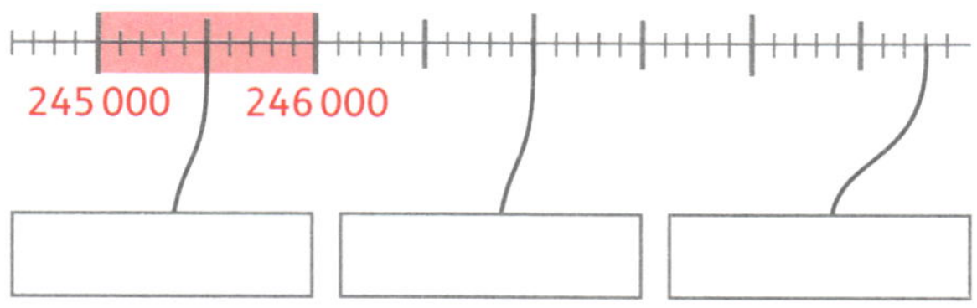

____
______________________________.
______________________________.

4 In welche Schritte ist der Zahlenstrahl eingeteilt? Trage ZT, T oder H ein.

a)

☐

b)

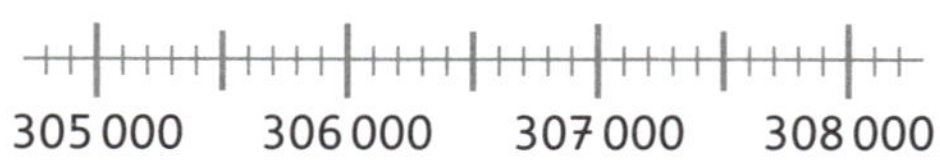

☐

c)

☐

d)

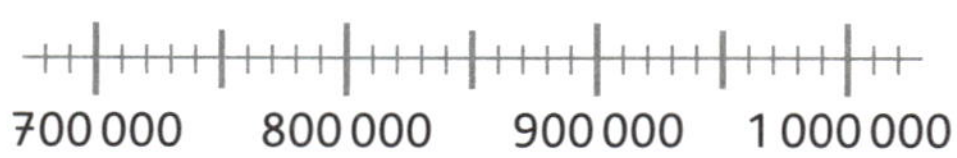

☐

Zahlenstrahlen beschriften.
Einteilung am Zahlenstrahl beschreiben.
Woran erkennst du die Einteilung der Schritte?

Ich muss zuerst die Einteilung der Schritte bestimmen, bevor ich den Zahlenstrahl beschrifte.

Vom Zahlenstrahl zum Rechenstrich

Zahlen bis 1 000 000

der Nachbarzehntausender

Die Nachbarzehntausender von 724 110 sind 720 000 und 730 000.

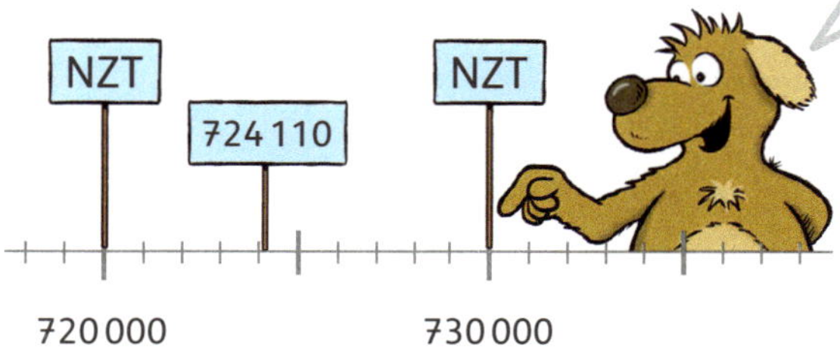

NZT	Z	NZT
720 000	724 110	730 000

○ **1** Trage die NZT ein. Markiere den Zehntausender, der näher an der Zahl liegt.

a)

b)

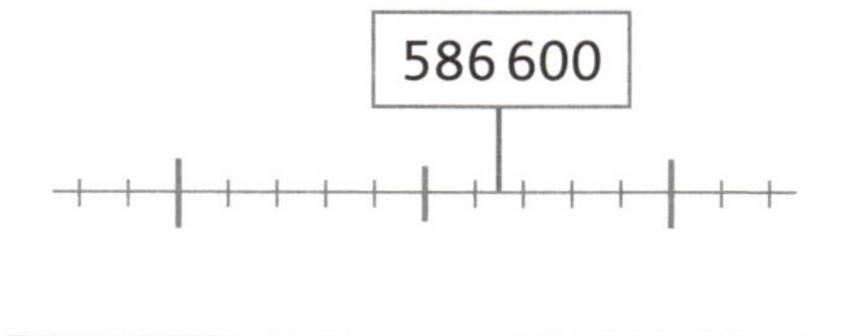

○ **2** Wie heißen die NZT? Markiere den Zehntausender, der näher an der Zahl liegt.

NZT	Z	NZT
30 000	34 000	40 000
	256 000	
	621 100	

NZT	Z	NZT
	559 259	
	643 002	
	999 008	

◒ **3** Rechne vor und zurück zu den Nachbarzehntausendern.

a)

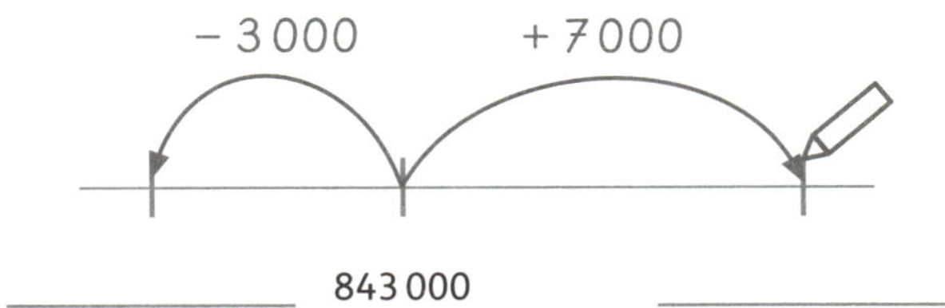

b) 412 400, 55 200, 886 500, 621 800

◒ **4** Zähle in Schritten. Dein Partner notiert die Zahlen.

a) Immer 10 000 weiter: 180 000, ..., 270 000

b) Immer 20 000 weiter: 570 100, ..., 750 100

c) Immer 10 000 zurück: 430 000, ..., 340 000

d) Immer 20 000 zurück: 870 021, ..., 690 021

◒ **5** Zähle am Zahlenstrahl zurück.

a) 100 000 – 1
100 000 – 10

b) 230 000 – 1
840 000 – 10

c) 450 300 – 1
620 600 – 10

d) 1 000 000 – 1
1 000 000 – 11

Nachbarzehntausender bestimmen.
Vor und zurück zum Nachbarzehntausender rechnen.
In Schritten zählen.

Die Nachbarzehntausender von ...
heißen ... und ...
Die Zahl liegt näher an ...

Vom Zahlenstrahl zum Rechenstrich

der Nachbarhunderttausender

Zahlen bis 1 000 000

NHT	Z	NHT
700 000	744 110	800 000

1 Trage die NHT ein. Markiere den Hunderttausender, der näher an der Zahl liegt.

a) 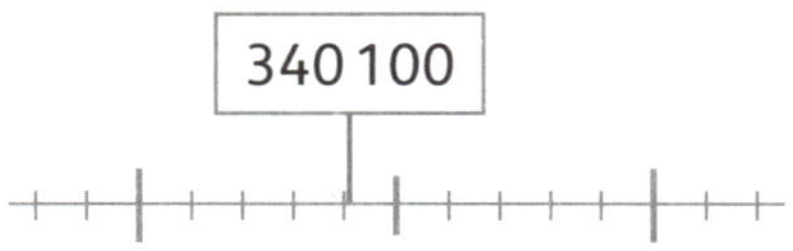

b) 

2 Wie heißen die NHT? Markiere den Hunderttausender, der näher an der Zahl liegt.

NHT	Z	NHT
200 000	256 000	300 000
	621 000	
	34 000	

NHT	Z	NHT
	559 250	
	143 002	
	999 999	

3 Rechne vor und zurück zu den Nachbarhunderttausendern.

a) 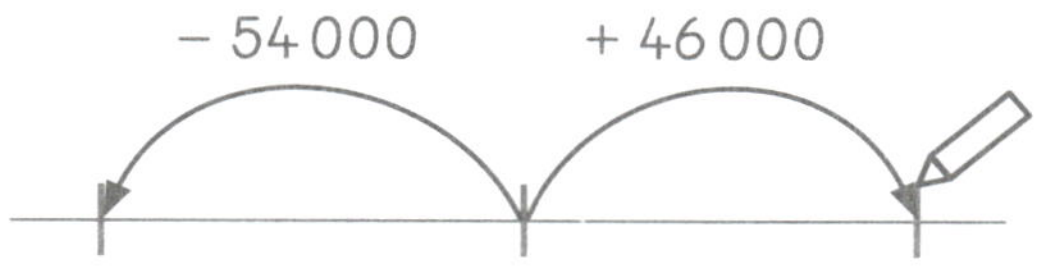

b) 243 000, 387 000, 990 000, 128 000

4 Zähle in Schritten. Dein Partner notiert die Zahlen.

a) Immer 100 000 weiter: 180 000, ..., 580 000

b) Immer 200 000 weiter: 170 100, ..., 970 100

c) Immer 100 000 zurück: 830 000, ..., 430 000

d) Immer 200 000 zurück: 870 021, ..., 70 021

Nachbarhunderttausender bestimmen.
Vor und zurück zum Nachbarhunderttausender rechnen.
In Schritten zählen.

Wenn ich in Hunderttausenderschritten zähle, bleiben ZT, T, H, Z und E gleich.

Vom Zahlenstrahl zum Rechenstrich

Zahlen bis 1 000 000

1 a) Vervollständige die Tabelle.

NHT	NZT	NT	Z	NT	NZT	NHT
			645 598			
			987 654			★
			837 500			
			545 454			
			306 408			
			409 999			

b) An welchen NZT liegen die Zahlen näher? Markiere gelb.

c) Bei welchen Zahlen ist ein NZT zugleich ein NHT? ____________________

d) Bei welcher Zahl ist ein NT zugleich ein NZT? ____________________

e) ★ Dieser NHT heißt ____________ .

2 <, > oder = ?

a) 12 683 ◯ 34 577   65 001 ◯ 56 001   231 787 ◯ 231 870

15 361 ◯ 5 361   603 589 ◯ 603 537   301 666 ◯ 301 666

b) 6 HT 4 ZT ◯ 604 006   9 ZT 3 T ◯ 9 030   703 200 ◯ 7 HT 2 T 2 H

5 HT 3 T ◯ 503 000   6 HT 6 E ◯ 60 060   14 321 ◯ 4 ZT 3 T 3 H 1 E

3 Ordne die Zahlen der Größe nach. Beginne mit der kleinsten Zahl.

S. 49, Nr. 3

a) 30013 < 30113 <

a) 30 113   300 110   30 013   33 103

b) 67 402   670 204   7 422   76 244

4 Ergänze. Zeichne einen Rechenstrich, wenn er dir hilft.

S. 49, Nr. 4

a) 561000 + 39000 = 600000

+9000   +30000

561000   570000   600000

a) 561 000 + ___ = 600 000   b) 732 300 + ___ = 800 000   c) 345 000 + ___ = 1 000 000

267 000 + ___ = 300 000   634 100 + ___ = 700 000   489 900 + ___ = 1 000 000

Vom Zahlenstrahl zum Rechenstrich

1 In welche Schritte ist der Zahlenstrahl eingeteilt? Trage ZT, T oder H ein und ergänze.

a)
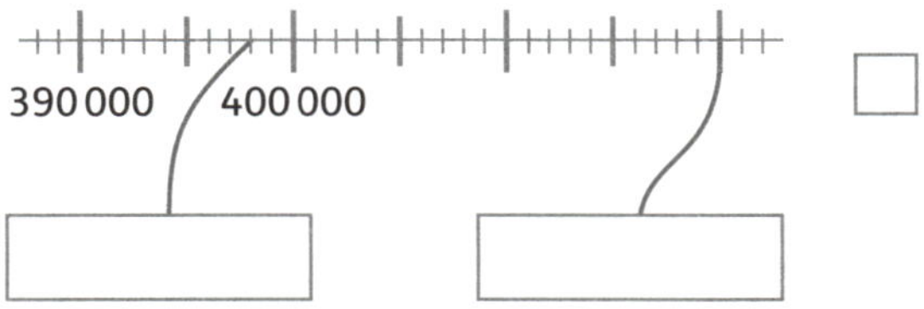

b)
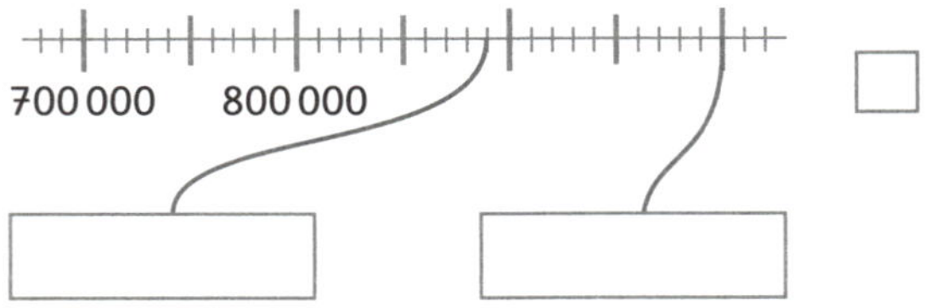

c)
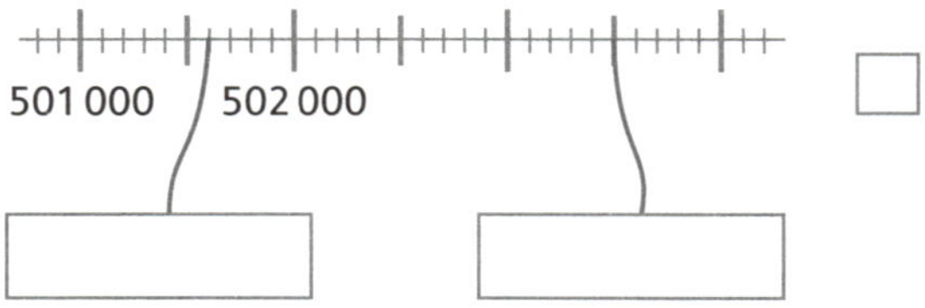

d)
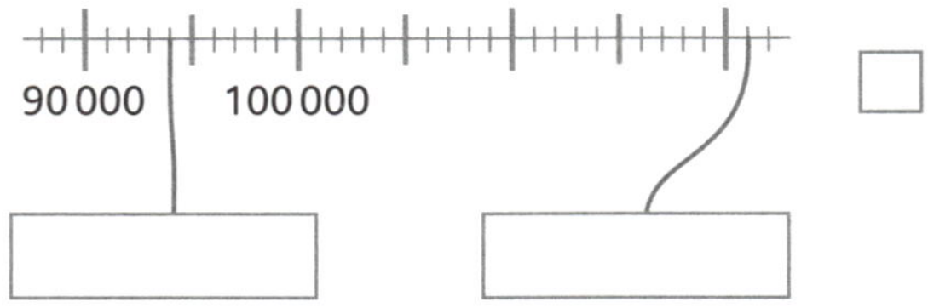

2 Wie heißen die Nachbarn? Markiere jeweils den Nachbarn, der näher an der Zahl liegt.

NZT	Z	NZT
	10 308	
	234 600	
	678 200	

NZT	Z	NZT
	562 450	
	317 555	
	941 790	

NHT	Z	NHT
	856 000	
	492 666	
	123 003	

3 Zähle in Schritten. Dein Partner notiert die Zahlen.

a) Immer 50 000 weiter: 250 000, ..., 700 000

b) Immer 5 000 weiter: 605 000, ..., 650 000

c) Immer 50 000 zurück: 1 000 000, ..., 550 000

d) Immer 5 000 zurück: 380 000, ..., 335 000

4 Ordne die Zahlen der Größe nach. Beginne mit der kleinsten Zahl.

a) 203 100 | 560 233 | 921 677 | 808 231 | 880 543

b) 404 554 | 450 455 | 404 455 | 440 555 | 440 554

5

Zur Million ergänzen:

Von jedem Stapel eine Zahlenkarte ziehen. Daraus die Zahl legen. Der Partner ergänzt zur Million.

Gespielt mit: ____________________

Zahlenstrahlen beschriften.
Nachbarzahlen bestimmen.
Zahlen ordnen. Am Rechenstrich ergänzen.

Vom Zahlenstrahl zum Rechenstrich

1 Die Stadt Köln hat ungefähr eine Million Einwohner.
Stell dir vor, alle Einwohner stellen sich zu einer Menschenkette auf, in der jeder 1 m Platz benötigt.
Reicht die Menschenkette von Flensburg nach München?
Recherchiere und rechne.

Das weiß ich: ______________________________

Das muss ich herausfinden: ______________________________

Lösungsweg:

Antwort: ______________________________

____

2

Das weiß ich: ______________________________

Das muss ich herausfinden: ______________________________

Lösungsweg:

Antwort: ______________________________

____

Große Zahlen runden

! Runde **ab** bei: 0, 1, 2, 3, 4. Runde **auf** bei: 5, 6, 7, 8, 9.
≈ bedeutet „ungefähr“

1 Wenn du auf Tausender rundest, folgen auf die Tausenderstelle nur Nullen. Achte deshalb auf die Ziffer rechts neben den Tausendern. Markiere sie, runde dann entsprechend.

a)	b)	c)
431 723 ≈ 432 000	723 800 ≈ ______	243 073 ≈ ______
393 946 ≈ ______	931 296 ≈ ______	946 671 ______
567 599 ≈ ______	489 498 ≈ ______	913 399 ______
767 412 ≈ ______	671 199 ≈ ______	499 500 ______

Ich runde ab, wenn die Hunderterstelle eine ______________________ ist.
Ich runde auf, wenn die Hunderterstelle eine ______________________ ist.

2 Runde auf Zehntausender. Markiere zuerst die Ziffer rechts daneben.

a)	b)	c)
431 723 ≈ 430 000	508 023 ≈ ______	273 143 ≈ ______
994 336 ≈ ______	301 296 ≈ ______	946 671 ______
695 512 ≈ ______	489 498 ≈ ______	930 939 ______
467 799 ≈ ______	192 900 ≈ ______	675 000 ______

3 Runde auf Hunderttausender. Markiere zuerst die Ziffer rechts daneben.

a)	b)	c)
431 723 ≈ 400 000	723 500 ≈ ______	150 000 ≈ ______
512 946 ≈ ______	981 296 ≈ ______	906 716 ______
675 933 ≈ ______	449 498 ≈ ______	265 333 ______
894 978 ≈ ______	419 999 ≈ ______	639 000 ______

4 In der Tageszeitung stand, dass am letzten Wochenende fast 38 000 Zuschauer beim Fußballspiel im Stadion waren. Der Reporter hat die Zahl auf Tausender gerundet.

Überlege, wie die genaue Zuschaueranzahl gewesen sein könnte.

Nach vorgegebener Regel auf- oder abrunden.

Bei 0, 1, 2, 3 und 4 runde ich ab.
Bei 5 und größer runde ich auf.

Große Zahlen runden

1 Runde die Zahlen auf die angegebenen Stellen.

	HT	ZT	T	H
257 510				
602 319				
928 374				
374 650				
400 212				
68 753				

2

1 000 — 2 000 — 3 000

a) Notiere 3 Zahlen, die auf 2 000 aufgerundet werden. Trage sie am Rechenstrich ein.

b) Notiere 3 Zahlen, die auf 2 000 abgerundet werden. Trage sie am Rechenstrich ein.

c) Markiere am Rechenstrich den Bereich mit allen Zahlen, die auf 2 000 gerundet werden und beschrifte ihn.

3 Wurde hier gerundet oder wurden genaue Zahlen verwendet? Kreuze an.

	gerundet	genau
In unserer Stadt wohnen 226 000 Einwohner.	☐	☐
Luca ist 1,58 m groß.	☐	☐
Eine Woche hat 168 Stunden.	☐	☐
Mein Schulweg ist 2 km weit.	☐	☐
Bei der Verkehrszählung wurden 12 734 PKW gezählt.	☐	☐
300 000 Besucher sahen den Film.	☐	☐
Der Inhalt einer Packung Zucker wiegt 1 000 g.	☐	☐
Eine Stunde hat 3 600 Sekunden.	☐	☐
	☐	☐
	☐	☐

Rundungsregeln anwenden. „Gerundet“ und „genau“ einschätzen.
Wie hast du dich entschieden? Begründe.
MK Informationsbewertung 3

1,58 m ist genau, weil ...
2 km ist gerundet, weil ...

Große Zahlen runden

	Bundesländer		Einwohner	gerundet auf HT
	Baden-Württemberg	BW	11 069 533	
	Bayern	BY	13 076 721	
	Berlin	BE	3 644 826	
	Brandenburg	BB	2 511 917	
1.	Bremen	HB	682 986	700 000
	Hamburg	HH	1 841 179	
	Hessen	HE	6 265 809	
	Mecklenburg-Vorpommern	MV	1 609 675	
	Niedersachsen	NI	7 982 448	
	Nordrhein-Westfalen	NRW	17 932 651	
	Rheinland-Pfalz	RP	4 084 844	
	Saarland	SL	990 509	
	Sachsen	SN	4 077 937	
	Sachsen-Anhalt	ST	2 208 321	
	Schleswig-Holstein	SH	2 896 712	
	Thüringen	TH	2 143 145	

Quelle: Statistisches Bundesamt (Destatis), 2019; eigene Darstellung Stand: 2018

1 a) Runde die Einwohnerzahlen auf Hunderttausender.

b) Ordne die Einwohnerzahlen nach der Größe.

c) Erstelle ein Säulendiagramm mit den gerundeten Zahlen.

Zeichne die Säulen der Größe nach. 1 mm entspricht 100 000 Einwohnern.

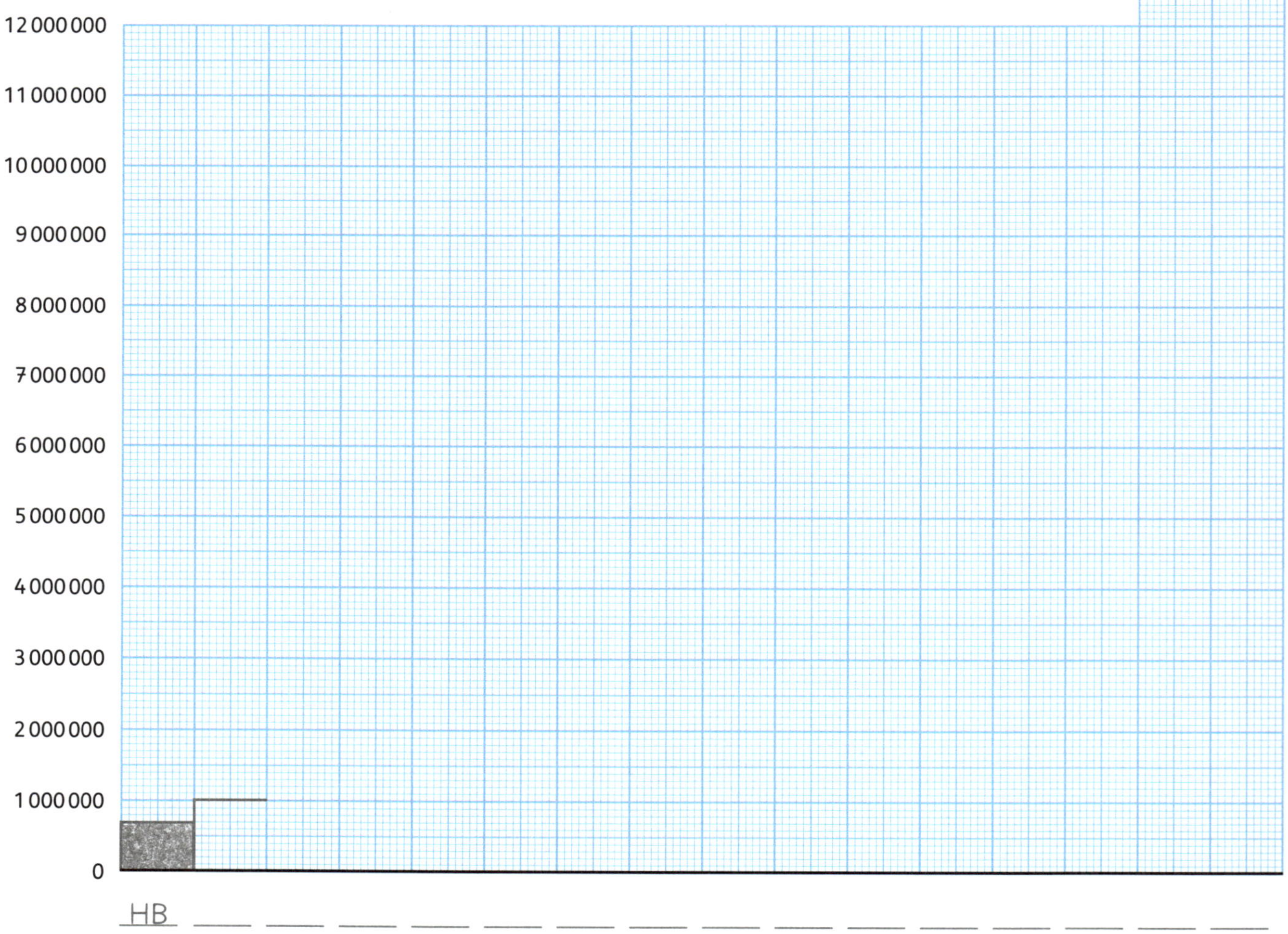

Zahlen nach Sinnzusammenhängen runden und in einem Säulendiagramm darstellen.

NRW hat circa 17 900 000 Einwohner.
Am meisten Einwohner hat ...
Die wenigsten Einwohner hat ...

Große Zahlen runden

1

	Hauptstadt	Einwohner	gerundet auf ZT
1.	Berlin	3 644 826	3 640 000
	Bremen	569 352	
	Dresden	554 649	
	Düsseldorf	619 294	
	Erfurt	213 699	
	Hamburg	1 841 179	
	Hannover	538 068	
	Kiel	247 548	
	Magdeburg	238 697	
	Mainz	217 118	
	München	1 471 508	
	Potsdam	178 089	
	Saarbrücken	180 741	
	Schwerin	95 818	
	Stuttgart	634 830	
	Wiesbaden	278 342	

Quelle: Statistisches Bundesamt (Destatis), 2019; eigene Darstellung Stand: 2018

a) Runde die Einwohnerzahlen auf Zehntausender.

b) Ordne die Einwohnerzahlen nach der Größe.

c) Beschrifte das Balkendiagramm.

Berlin

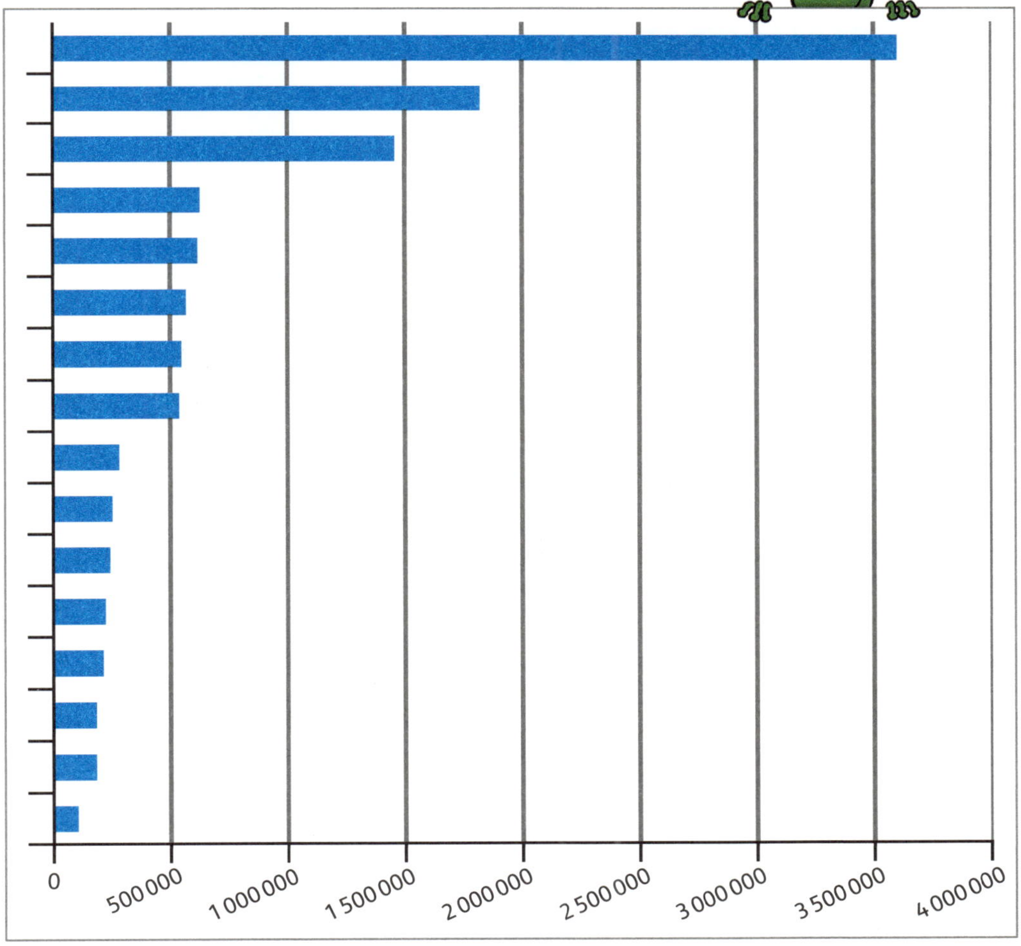

Quelle: Statistisches Bundesamt (Destatis), 2019; eigene Darstellung Stand: 2018

Addition und Subtraktion bis 1 000 000

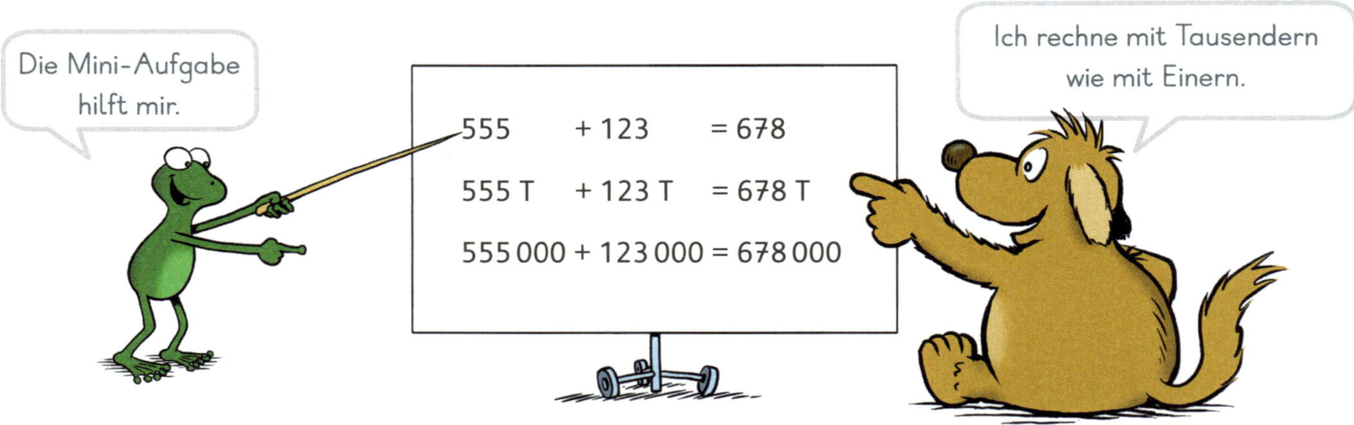

○ **1** a)
564 000 + 300 000 = ______
564 000 + 30 000 = ______
564 000 + 3 000 = ______
564 000 + 333 = ______
564 000 + 303 000 = ______

b)
832 000 + 100 000 = ______
832 000 + 20 000 = ______
832 000 + 6 000 = ______
832 000 + 128 = ______
832 000 + 106 000 = ______

○ **2** a)
974 000 − 200 000 = ______
974 000 − 50 000 = ______
974 000 − 4 000 = ______
974 000 − 54 000 = ______
974 000 − 254 000 = ______

b)
678 000 − 500 000 = ______
678 000 − 60 000 = ______
678 000 − 7 000 = ______
678 000 − 67 000 = ______
678 000 − 567 000 = ______

◒ **3** a)
1 000 − 1 = ______
231 000 − 1 = ______
231 000 − 10 = ______
231 000 − 100 = ______

b)
415 000 − 50 = ______
460 000 − 30 = ______
403 000 − 400 = ______
400 000 − 750 = ______

◒ **4** Fahre auf und ab mit dem Fahrstuhl. Kontrolliere mit der Lösungszahl.

100 000

91 000 − 19 000 = 72 000
68 991 + 600 = ______
69 900 − 60 000 = ______
72 000 − 3 000 = ______
69 591 + 309 = ______
69 000 − 9 = ______
9 900 + 90 100 = ______

1 000 000

507 000 − 9 000 = ______
497 300 + 695 = ______
498 003 − 48 000 = ______
498 000 − 700 = ______
451 000 + 549 000 = ______
497 995 + 8 = ______
450 003 + 997 = ______

Bei Addition und Subtraktion die Stellenwerte beachten.
Die Subtraktion von einem Tausender als Mini-Aufgabe nutzen.

Ich weiß die Mini-Aufgabe 1 000 − 1.
Also kann ich auch 231 000 − 1 rechnen.

Addition und Subtraktion bis 1 000 000

1 a)

+ 7
+ 5 + 2

995   1 000 ______

b)

______ ______ ______

c)

______ ______ ______

a)	b)	c)
995 + 7 = ______	980 + 50 = ______	700 + 600 = ______
5 995 + 7 = ______	6 980 + 50 = ______	9 700 + 600 = ______
42 995 + 7 = ______	53 980 + 50 = ______	75 700 + 600 = ______
120 995 + 7 = ______	888 980 + 50 = ______	759 700 + 600 = ______
899 995 + 7 = ______	889 980 + 50 = ______	799 700 + 600 = ______

2 a)

− 8
− 6 − 2

______   1 000   1 002

b)

______ ______ ______

c)

______ ______ ______

a)	b)	c)
1 002 − 8 = ______	1 030 − 50 = ______	5 700 − 900 = ______
289 002 − 8 = ______	621 030 − 50 = ______	480 700 − 900 = ______
605 002 − 8 = ______	706 030 − 50 = ______	903 700 − 900 = ______
560 002 − 8 = ______	560 030 − 50 = ______	320 700 − 900 = ______
900 002 − 8 = ______	900 030 − 50 = ______	900 700 − 900 = ______

3 a)

Zahlenmauer 1: oben 10 000; Mitte 5 700 | ____; unten ____ | 700 | ____

Zahlenmauer 2: oben 10 000; Mitte ____ | 750; unten 9 000 | ____ | ____

Zahlenmauer 3: oben 100 000; Mitte 600 | ____; unten 500 | ____ | ____

Zahlenmauer 4: oben 100 000; Mitte ____ | 50 900; unten ____ | 10 050 | ____

Zahlenmauer 5: oben 1 000 000; Mitte 900 | ____; unten ____ | 600 | ____

Zahlenmauer 6: oben 1 000 000; Mitte ____ | 70; unten ____ | 50 | ____

b) Schreibe 3 Zahlenmauern mit dem Zielstein 1 000 000 für deinen Partner.
Alle Aufgaben sollen im Kopf lösbar sein.
Sie sollen sowohl kleine als auch große Zahlen enthalten.

Bei Addition und Subtraktion die Stellenwerte beachten, den Tausender überschreiten.

Am Rechenstrich rechne ich eine Mini-Aufgabe. Dann kann ich auch die anderen Aufgaben lösen.

Addition und Subtraktion bis 1 000 000

○ **1** a)

+	300 000	109 000	490 000	525 000	56 000
360 000					
475 000					
250 000					

306 000 345 000 359 000 416 000 469 000 531 000 550 000 584 000 660 000 740 000 775 000 775 000 850 000 885 000 965 000 1 000 000

b)

−	400 000	560 000	399 000	81 000	621 000
920 000					
725 000					
801 000					

104 000 165 000 180 000 241 000 299 000 320 000 325 000 326 000 360 000 401 000 402 000 520 000 521 000 644 000 720 000 839 000

◒ **2** Die Strecke von Hamburg zum Nordpol beträgt etwa 4 000 km. Die Strecke von Hamburg zum Südpol ist etwa 12 000 km weiter als von Hamburg zum Nordpol.

Beschrifte zuerst die Skizze.

Notiere dann die Ergebnisse.

Die Entfernung von Hamburg zum Südpol beträgt etwa ___________ km.

Die Entfernung vom Nordpol zum Südpol beträgt etwa ___________ km.

Die Entfernung vom Nordpol zum Äquator beträgt etwa ___________ km.

◒ **3** Im 13. Jahrhundert reiste Marco Polo mit dem Schiff und auf Pferden oder Kamelen von Venedig nach Peking. Hin und zurück legte er etwa 25 000 km zurück. Heute beträgt der kürzeste Landweg in einer Richtung 9 979 km, die Flugstrecke beträgt sogar nur 7 893 km.

Frage: Wie viele Kilometer spart man heute für hin und zurück beim Landweg und wie viele Kilometer beim Flug? Runde auf Hunderter und rechne im Kopf.

Lösungsweg:

Antwort: ____

____

Additions- und Subtraktionsaufgaben im Zahlenraum bis eine Million lösen.
Sachaufgaben mit angenäherten Zahlen lösen.

Bei 920 000 – 400 000 rechne ich zuerst die Mini-Aufgabe: 920 – 400
Ich notiere das Ergebnis der Max-Aufgabe.

Addition und Subtraktion bis 1 000 000

Schriftliche Addition

1 a) Addiere schriftlich.

		7	4	6	9	0
+		4	9	0	2	8
				1		
					1	8

	5	6	4	0	9	8
+	1	7	3	5	9	2

	8	5	3	0	9	2
+		5	6	5	1	3

b) Schreibe stellengerecht untereinander. Addiere schriftlich.

27 681 + 42 188   759 810 + 200 241   890 321 + 45 673

69 869   123 718   737 690   906 051   909 605   935 994   960 051

c) Erkläre deinem Partner an einer Aufgabe, was die Übertragsziffer bedeutet.

2 Schreibe stellengerecht untereinander. Addiere schriftlich.

a) 58 217 + 40 428
18 903 + 76 502
31 467 + 29 986

b) 809 453 + 131 654
100 007 + 899 993
731 277 + 191 919

c) 928 373 + 43 865
420 912 + 3 990
60 943 + 609 430

61 453   95 405   98 645   100 000   424 902   670 373   923 196   941 107   972 238   1 000 000

3 Überschlage zuerst. Rechne schriftlich. Kontrolliere mit dem Überschlag.

a) 265 430 + 525 610
176 524 + 78 589
349 152 + 243 017
685 364 + 288 645

Ich überschlage:
260 T + 530 T = 790 T
Ich schreibe:
Ü: 260 000 + 530 000 = 790 000

b) 120 987 + 82 435
635 428 + 9 836
23 145 + 536 429
453 + 827 635

c) 243 101 + 521 004
642 160 + 32 105
116 298 + 99 621
739 540 + 211 425

d) 72 354 + 8 923 + 1 426
63 748 + 987 + 4 263
293 764 + 19 374 + 987
273 653 + 67 251 + 8 923

e) Wie überschlägst du? Wann helfen dir deine Überschläge bei der Kontrolle?

Addition und Subtraktion bis 1 000 000

Schriftliche Subtraktion

1 a) Subtrahiere schriftlich.

		9	5	7	3	2
−		8	3	2	2	1
				5	1	1

	7	4	8	3	1	3
−	6	3	2	1	1	2

	3	5	9	7	1	2
−		8	5	3	0	1

b) Schreibe stellengerecht untereinander. Subtrahiere schriftlich.

68 275 − 43 164

−						

879 453 − 658 381

−						

142 537 − 91 733

−						

12 511 25 111 50 804 106 200 116 201 221 072 274 411

2 Schreibe stellengerecht untereinander. Subtrahiere schriftlich.

a) 30 574 − 21 052
53 467 − 41 526
12 738 − 11 928

b) 652 835 − 382 561
400 928 − 279 002
900 000 − 689 999

c) 263 547 − 9 075
829 301 − 99 999
1 000 000 − 997

810 9 522 11 941 121 926 210 001 245 471 254 472 270 274 729 302 999 003

3 Rechne zur Probe die Umkehraufgabe.

a) 51 632 − 48 913
12 894 − 12 425
62 738 − 35 263
90 102 − 81 923

b) 105 742 − 104 780
882 002 − 273 654
890 890 − 777 222
382 937 − 208 627

c) 273 654 − 900
892 735 − 6 725
53 621 − 7 331
425 367 − 289

4 Klecksaufgaben: Trage die richtigen Ziffern ein.

a)

	6	6	6		6	6
−	2	1		0		3
			7	6	6	

b)

		5		2		7
−	1		8		2	
	1	0	9	0	2	8

c)

	4	2	8	6	6	4
−		3		3		3
			5		3	

d)

		6	4	4	5	8
−	3	7	7	5	2	5
	4		6	9		

e)

	9	9		9	9	9
−		8	8		8	8
	2	0	8	8		

f)

		7	1	6	4	
−	5		0	8	7	5
	2	6	0		7	1

Im Zahlenraum bis zu einer Million schriftlich subtrahieren und die Probe zur Kontrolle nutzen.

Wenn die Aufgabe eine Subtraktion ist, dann ist die Probe die Umkehraufgabe, also eine Addition.

Addition und Subtraktion bis 1 000 000

Im Kopf oder schriftlich

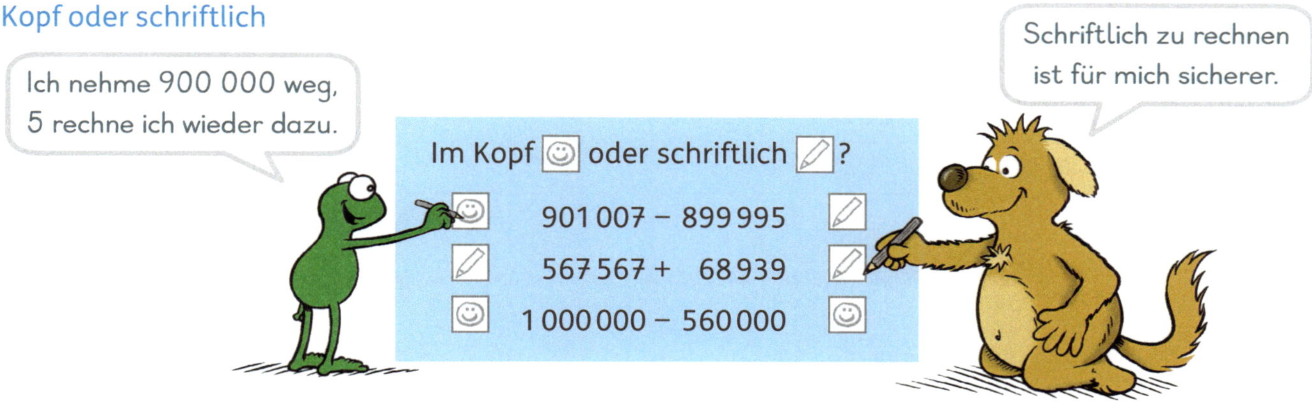

1 Entscheide: Im Kopf ☺ oder schriftlich ✎? Vergleiche mit deinem Partner.

178 269 + 309 586 = ______ ☐	788 629 – 330 000 = ______ ☐
187 269 + 401 000 = ______ ☐	838 926 – 539 856 = ______ ☐
71 000 + 609 586 = ______ ☐	713 296 – 325 569 = ______ ☐
128 269 + 390 865 = ______ ☐	788 629 – 8 600 = ______ ☐

2

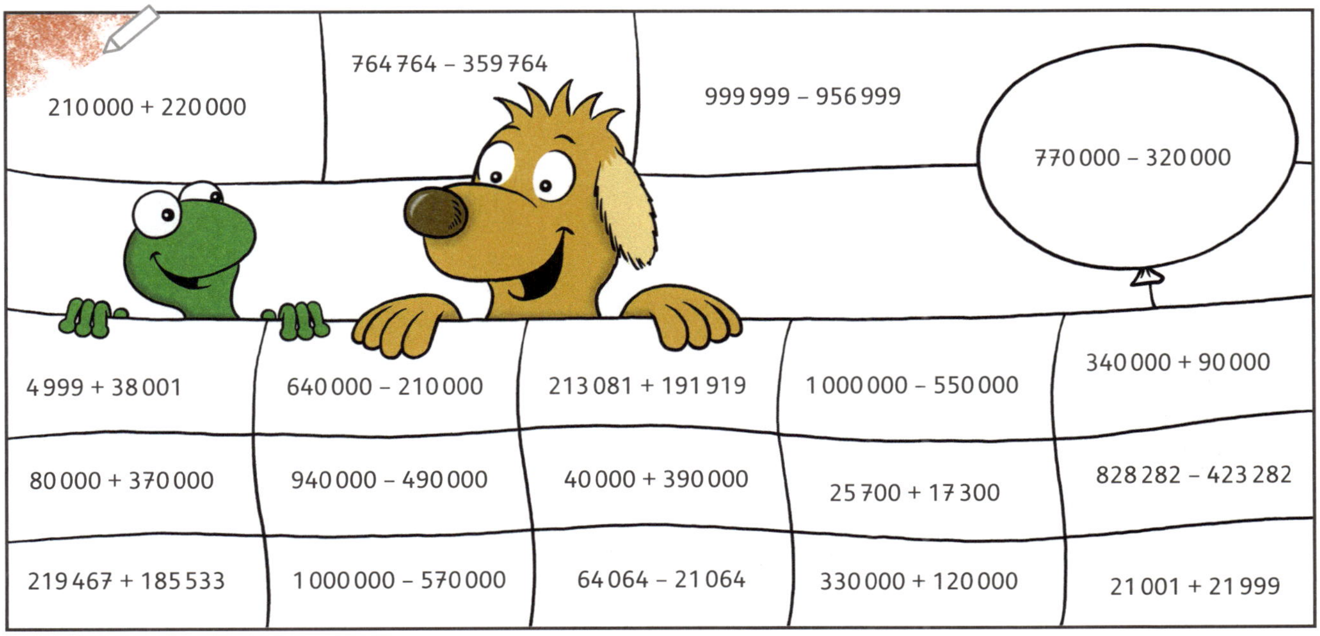

43 000 (grün) 405 000 (gelb) 430 000 (orange) 450 000 (blau)

Addition und Subtraktion bis 1 000 000

1 a)

+	600 000	560 000	281 000	309 000	9 995
36 000					
254 000					
161 000					

45 995   170 995   263 995   317 000   345 000   442 000   470 000   535 000   536 000   563 000   596 000   636 000   721 000   761 000   814 000   854 000

b)

–	700 000	650 000	361 000	501 000	4 999
920 000					
805 000					
759 000					

59 000   105 000   109 000   155 000   220 000   258 000   270 000   304 000   398 000   419 000   444 000   559 000   666 000   754 001   800 001   915 001

2 Schreibe stellengerecht untereinander. Addiere schriftlich.

a) 721 576 + 168 321
435 262 + 534 526
326 711 + 163 277
249 376 + 625 834

b) 271 006 + 168 989
622 435 + 350 566
791 226 + 163 777
409 309 + 207 450

c) 98 756 + 618 300
543 902 + 34 598
630 171 + 170 979
294 006 + 430 043

439 995   489 988   567 765   578 500   616 759   717 056   724 049   801 150   875 210   889 897   955 003   969 788   973 001

3 Rechne zur Probe die Umkehraufgabe.

a) 879 622 – 534 511
786 478 – 463 277
981 876 – 111 222

b) 560 486 – 540 915
676 099 – 345 990
468 864 – 89 789

c) 375 975 – 29 209
287 043 – 107 033
906 689 – 609 986

4

Mit dem Taschenrechner prüfen:

Eine Zahl aus max. 8 blauen Plättchen und eine andere Zahl aus max. 8 roten Plättchen legen.
Der 1. Spieler benennt die Summe.
Der 2. Spieler tippt die Summanden in den Taschenrechner ein und vergleicht das Ergebnis.

Gespielt mit: ____________________

Additionen und Subtraktionen im Kopf und auch schriftlich ausführen.
Spielerisches Kopfrechnen in der Stellenwerttafel.

Computer zählen und rechnen im Zweiersystem.

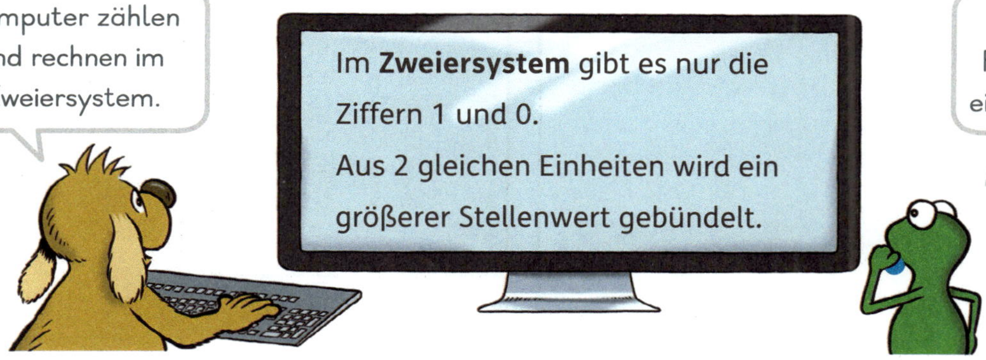

Immer 2 gleiche Plättchen ergeben ein größeres Bündel.

8er	4er	2er	1er
			●

Hier liegt ein Einer, also 1.

8er	4er	2er	1er
			←●●

2 Einer muss ich bündeln.

8er	4er	2er	1er
		●	

Daraus wird ein Zweier, 2 ist im Zweiersystem eine 10 (Sprich: eins – null).

8er	4er	2er	1er
		●	●

Ein Zweier und ein Einer sind 3. 3 ist im Zweiersystem eine 11 (Sprich: eins – eins).

8er	4er	2er	1er
		●	←●●

Ein Zweier und 2 Einer muss ich bündeln.

8er	4er	2er	1er
		←●●	

Daraus werden 2 Zweier, die muss ich wieder bündeln, ein Vierer.

1 Lege ebenso weiter und ergänze die Tabellen.

8er	4er	2er	1er

Ein Vierer, 4 ist im Zweiersystem: 100

8er	4er	2er	1er

Ein Vierer und ein Einer, 5 ist im Zweiersystem: 101

8er	4er	2er	1er

Ein Vierer und ein Zweier, 6 ist im Zweiersystem: 110

8er	4er	2er	1er

Kurz: 4 + 2 + 1 = 7
7 ist im Zweiersystem: ______

8er	4er	2er	1er

Ein Achter, 8 ist im Zweiersystem: 1 000

8er	4er	2er	1er

Kurz: 8 + 1 = 9
9 ist im Zweiersystem: 1 001

Zehnersystem	Zweiersystem
1	1
2	10
3	11
4	100
5	
6	
7	
8	
9	
10	
11	
12	
13	

2 Notiere in einer großen Stellenwerttafel. Übersetze Zahlen vom Zehner- ins Zweiersystem.

Zehnersystem	64er	32er	16er	8er	4er	2er	1er	Zweiersystem
100 = 64 + 32 + 4	●	●			●			1 100 100

Einen mathematischen Text sinnentnehmend lesen.
Danach Zahlen vom Zehner- ins Zweiersystem übertragen.

Sachrechnen

Estádio do Maracanã
Rio de Janeiro, Brasilien

78 838 Plätze

Olympiastadion
Berlin, Deutschland

74 475 Plätze

Giuseppe-Meazza-Stadion
Mailand, Italien

77 668 Plätze

Camp Nou
Barcelona, Spanien

99 354 Plätze

Wembley-Stadion
London, England

90 000 Plätze

Estadio Azteka
Mexiko-Stadt, Mexiko

87 000 Plätze

○ **1** In welcher Stadt hat das Stadion die meisten Zuschauerplätze? Kreuze an.

☐ Berlin ☐ Mexiko-Stadt ☐ Barcelona

○ **2** In welchen Ländern hat ein Stadion mehr als 80 000 Zuschauerplätze? Kreuze an.

☐ Italien ☐ Deutschland ☐ Spanien ☐ England ☐ Brasilien

○ **3** a) Wie viele Zuschauerplätze hat das Estadio Azteka mehr als das Olympiastadion?

b) Wie viele Zuschauerplätze hat das Camp Nou Stadion mehr als das Estádio do Maracanã?

◒ **4** Stimmt das? Überschlage.

	ja	nein
a) Im Olympiastadion gibt es 18 200 Dauerkarteninhaber. 71 275 Plätze sind frei.	☐	☐
b) Das Stadion mit den meisten Zuschauerplätzen ist heute nur halb besetzt. Die Hälfte der Zuschauer, 17 417, tragen ein Trikot ihrer Lieblingsmannschaft.	☐	☐
c) Wenn im Wembley-Stadion 63 520 Karten verkauft wurden, dann sind noch 26 480 Plätze frei.	☐	☐
d) Das Giuseppe-Meazza-Stadion ist nicht ausverkauft. Es wurden 32 146 Sitzplatzkarten und 9 964 Stehplatzkarten verkauft. Der Verein lädt 12 800 Schülerinnen und Schüler ein. 57 758 Plätze sind noch frei.	☐	☐

● e) Bei welcher Aufgabe musst du noch genau rechnen?
Notiere den Lösungsweg und die Antwort.

Informationen nutzen.
Sachaufgaben lösen und auf Plausibilität überprüfen.
MK Informationsbewertung 4

Ich überschlage, indem ich das Ergebnis ungefähr berechne.

Sachrechnen

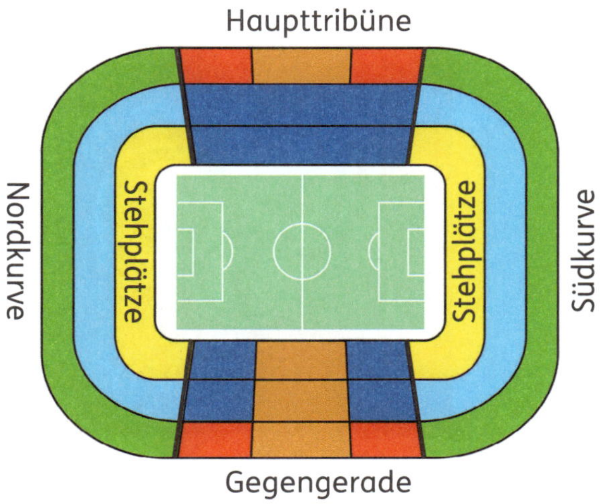

Anzahl der Plätze: ■ insg. 18 244 ■ insg. 16 060 ■ insg. 13 794 ■ ______ ■ ______ ■ ______

1 In der Nordkurve und in der Südkurve haben zusammen 48 098 Zuschauer Platz.
Schätze mit Hilfe des Planes, wie viele Zuschauer insgesamt ins Stadion passen. Kreuze an.

☐ 200 000 ☐ 50 000 ☐ 70 000 ☐ 150 000

2 Notiere jeweils eine Frage, den Lösungsweg und die Antwort.

a) Im grünen Block wurden 16 457 Karten verkauft.
b) Im gelben Fanblock sind 3 940 Plätze frei.
c) Im orangenen Block können 2 600 Zuschauer sitzen, im roten 1 496.
Es wollen 4 052 Zuschauer für diese Blöcke eine Karte kaufen.
d) Jeder zweite Zuschauer auf den Stehplätzen trägt einen Fanschal.
e) Insgesamt können auf der Haupttribüne und auf der Gegengeraden 21 902 Zuschauer sitzen.
Die Gegengerade hat 1 410 Sitzplätze mehr als die Haupttribüne.
f) Ergänze die fehlenden Angaben neben den Kästchen ■, ■ und ■.

3 Stimmt das? Überschlage. Musst du noch genau rechnen?
Das Fußballstadion hat 46 206 Sitzplätze und 13 794 Stehplätze. Insgesamt sind es 70 000 Plätze.

Ü:

Antwort: ______________________________

4 Stimmt das? Begründe.

	ja	nein
a) Es gibt weniger Sitzplätze im grünen Bereich als Stehplätze im ganzen Stadion.	☐	☐
b) Wenn der grüne und der hellblaue Block ausverkauft sind, dann ist das Stadion fast zur Hälfte gefüllt.	☐	☐

Sachrechnen

Éric Moussambani hat Olympia-Geschichte geschrieben. Er nahm an der Olympiade in Sydney im Jahre 2000 in der Disziplin Schwimmen teil. Im Vorlauf über 100-m-Freistil war er alleine im Becken, da seine 2 Mitstreiter wegen Fehlstarts disqualifiziert wurden. Nur 8 Monate zuvor hatte er schwimmen gelernt und war zuvor noch nie in einem 50-m-Becken geschwommen. Mit etwas über 1 min 52 s blieb er 64 Sekunden hinter dem Weltrekord – schwamm aber persönliche Bestzeit.

Bei der Fußball-Weltmeisterschaft (WM) 2006 in Deutschland gab es das WM-Spiel mit den meisten Karten. Im Achtelfinale spielte Portugal gegen die Niederlande. Der Schiedsrichter Iwanow verteilte 2 rote und 7 gelbe Karten an Spieler aus Portugal und 2 rote und 5 gelbe Karten an Spieler aus den Niederlanden. Das Spiel gewann Portugal mit 1 : 0.

Der ehemalige deutsche Basketball-Superstar Dirk Nowitzki war einer der erfolgreichsten Korbjäger in der nordamerikanischen Basketballliga (NBA). Dirk Nowitzki absolvierte über 1 500 Spiele und erzielte dabei mehr als 31 000 Punkte. Damit gehört er zu den 6 besten Profispielern in der NBA.

Der längste jemals ausgetragene Laufwettbewerb führte über unglaubliche 5 850 km. Diese Distanz hatten die knapp 100 Starter des Laufes von New York nach Los Angeles im Jahr 1929 zu bewältigen. Der Sieger war Johnny Salo. Er benötigte für diese Strecke knapp 528 Stunden. Sein Vorsprung vor dem Zweitplatzierten betrug keine 3 Minuten. Es erreichten immerhin 31 Läufer das Ziel.

Die 10-jährige Chloe Hegland stellte im Dezember 2008 den Rekord für die meisten Ballberührungen auf. Binnen 30 Sekunden tippte sie den Fußball 163-mal an.

Sachrechnen

1 Markiere zu jeder Frage die passenden Informationen in den Texten auf Seite 66.
Benutze für jede Frage eine andere Farbe. Beantworte die Fragen.

a) Wie lang war die Strecke des längsten Laufwettbewerbs? ______

b) Wie oft hat Chloe Hegland bei ihrem Weltrekord den Ball angetippt? ______

c) Bei welcher Fußball-WM wurden die meisten Karten verteilt? ______

d) Wie viele Meter ist Éric Moussambani im Vorlauf geschwommen? ______

e) Wie viele Punkte hat Dirk Nowitzki in der nordamerikanischen Basketballliga erzielt?

______

2 Wie oft tippte Chloe den Ball ungefähr in einer Sekunde an?
Welcher Lösungsweg ist korrekt? Kreuze an.

a) Ü: 150 : 30 = 5 ☐ b) 163 − 30 = 133 ☐ c) Ü: 150 · 30 = 4 500 ☐

d) Begründe. ______

______

3 Wie viele Tage war Johnny Salo unterwegs?
Welche Lösung ist korrekt? Kreuze an.

a) 22 Tage ☐ b) 7 Tage ☐ c) 528 Tage ☐

d) Begründe. ______

______

4 Dirk Nowitzki hat über 31 000 Punkte in mehr als 1 500 Spielen erzielt. Das sind ungefähr 21 Punkte pro Spiel.
Was würde sich verändern, wenn Dirk Nowitzki doppelt so viele Punkte in jedem Spiel erzielt hätte?
Kreuze alle richtigen Antworten an.

☐ Dann hätte er doppelt so viele Punkte in 1 500 Spielen erzielt.

☐ Je mehr Punkte er in jedem Spiel erzielt hätte, desto mehr Spiele hätte er benötigt, um auf 31 000 Punkte zu kommen.

☐ Je mehr Punkte er in jedem Spiel erzielt hätte, desto weniger Spiele hätte er gebraucht, um auf 31 000 Punkte zu kommen.

5 a) Erfinde eine eigene Sachaufgabe mit Frage, Lösungsweg und Antwort zu den Texten auf Seite 66.

b) Recherchiere nach einem Rekord in Büchern oder im Internet. Stelle den Rekord der Klasse vor.

Sachrechnen

Der 9-jährige Ben aus Großbritannien bildete eine Kette aus Büroklammern. Der Junge hakte 66 000 einzelne Büroklammern ineinander. Zum Schluss war die Kette fast 2 000 m lang.
Der Weltrekord von 2011 liegt bei 37,4 km. 380 Mitarbeiter einer Firma bekamen jeweils 4 000 Büroklammern, die allerdings nicht alle verwendet wurden.

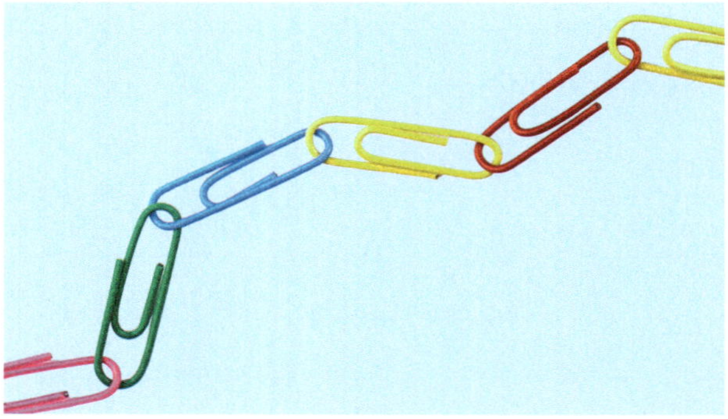

Der Amerikaner Richard Rodriguez ist der berühmteste Achterbahnfahrer. Er holte sich in den letzten Jahren immer wieder seinen Rekord mit der längsten Achterbahnfahrt zurück. 2003 fuhr er auf 2 verschiedenen Achterbahnen in Deutschland 1940 Stunden. 2007 konnte er den Rekord erneut brechen und fuhr auf einer Achterbahn in England 2 000 Stunden.

○ **1** Markiere zu jeder Frage die passenden Informationen in den Texten. Benutze für jede Frage eine andere Farbe. Beantworte die Fragen.

a) Wie viele Büroklammern hat Ben ineinander gehakt? ______

b) Wie viele Stunden fuhr Rodriguez bei seinem Rekord 2003? ______

c) Wie lang war die Büroklammerkette beim Weltrekord? ______

○ **2** Wie viele Meter war die Büroklammerkette beim Weltrekord länger als bei Ben?

◒ **3** Wie viele Tage war Rodriguez bei seinem Weltrekord 2007 unterwegs? Kreuze an.

a) ungefähr 15 Tage ☐ b) ungefähr 142 Tage ☐ c) ungefähr 83 Tage ☐

◒ **4**

Mit Rekorden rechnen:

Im Internet oder in Büchern recherchieren. Rekorde notieren.

Mit dem Partner eine Sachaufgabe dazu überlegen und lösen.

Gespielt mit: ______

Informationen entnehmen und im Text markieren. Sachaufgaben lösen.
Rekorde recherchieren und eine passende Aufgabe bilden.
MK Informationsrecherche 4

Sachrechnen

1 Bei einem Sponsorenlauf an einer Schule wurde Geld für den Schulhof gesammelt.
Pro Runde wurden 0,60 € gespendet. Die Sponsoren bekamen hinterher Quittungen.
Ordne die Quittungen den Laufleistungen zu.

Marie	Mia	Moritz	Jan	Joshua
22 Runden	15 Runden	12 Runden	21 Runden	19 Runden

Quittung
Spendensumme: 7,20 €
Name: ______

Quittung
Spendensumme: 12,60 €
Name: ______

Quittung
Spendensumme: 9,00 €
Name: ______

2 Mini sagt: „Ich brauche für 3 km etwa 20 Minuten."
Max sagt: „Ich brauche für 12 km meistens eine Stunde."

Wer ist schneller?

3 Im Olympiastadion in Berlin (74 475 Zuschauerplätze) ist heute Kindertag. Dazu wurden Schulen zu einem Freundschaftsspiel eingeladen.
Wie viele Schulen konnten ungefähr eingeladen werden?

Das weiß ich: ______

Das muss ich herausfinden: ______

Lösungsweg:

Antwort: ______

4 Der Weltrekord im Weitsprung wird von Mike Powell gehalten. Er ist am 30.08.1991 unglaubliche 8,95 m gesprungen.
Könnte er mit diesem Sprung euren Klassenraum durchqueren?

Das weiß ich: ______

Das muss ich herausfinden: ______

Lösungsweg:

Antwort: ______

Multiplikation und Division bis 1 000 000

H	Z	E	· 10 → / ← : 10	H	Z	E
	3	2		3	2	0

32 ·	1	=	32
32 ·	10	=	320
32 ·	100	=	3 200
32 ·	1 000	=	32 000
32 ·	10 000	=	320 000

T	H	Z	E	· 100 → / ← : 100	T	H	Z	E
		3	2		3	2	0	0

Und das Hundertfache von 32 ist 3 200.

Das Zehnfache von 32 ist 320. Dann kann ich auch 320 : 10 rechnen. Das Ergebnis ist 32.

1 a)
15 · 1 = ____
15 · 10 = ____
15 · 100 = ____
15 · 1 000 = ____
15 · 10 000 = ____

b)
28 · 1 = ____
28 · 10 = ____
28 · 100 = ____
28 · 1 000 = ____
28 · 10 000 = ____

c)
1 · 44 = ____
10 · 44 = ____
100 · 44 = ____
1 000 · 44 = ____
10 000 · 44 = ____

2 a)
400 000 : 1 = ____
400 000 : 10 = ____
400 000 : 100 = ____
400 000 : 1 000 = ____
400 000 : 10 000 = ____
400 000 : 100 000 = ____

b)
700 000 : 1 = ____
700 000 : 10 = ____
700 000 : 100 = ____
700 000 : 1 000 = ____
700 000 : 10 000 = ____
700 000 : 100 000 = ____

3 a)
4 · ____ = 40
7 · ____ = 700
3 · ____ = 3 000
6 · ____ = 6 000
8 · ____ = 80 000
9 · ____ = 900 000

b)
23 · ____ = 230
64 · ____ = 6 400
78 · ____ = 78 000
83 · ____ = 83 000
52 · ____ = 520 000
99 · ____ = 990 000

10 10 100 100 102 1 000 1 000 1 000 1 000 10 000 10 000 10 000 100 000

4 a)
30 : ____ = 3
400 : ____ = 4
6 000 : ____ = 6
20 000 : ____ = 2
700 000 : ____ = 7

b)
50 000 : ____ = 500
62 000 : ____ = 62
780 000 : ____ = 780
120 000 : ____ = 12
930 000 : ____ = 93

10 100 100 500 1 000 1 000 1 000 10 000 10 000 10 000 100 000

Multiplikation und Division mit 1, 10, 100, 1 000, 10 000, 100 000 üben.

Das Hundertfache von … ist …
Das Tausendfache von … ist …
Das Zehntausendfache von … ist …

Multiplikation und Division bis 1 000 000

Die Mini-Aufgabe ist 6 · 3 = 18.
Dann ist 6 · 30 = 180.

Genau! Von Aufgabe zu Aufgabe ist es das Zehnfache.

6 · 3 = 18	60 · 3 = 180
6 · 30 = 180	60 · 30 = 1 800
6 · 300 = 1 800	60 · 300 = 18 000
6 · 3 000 = 18 000	60 · 3 000 = 180 000

1
a) 9 · 4, 9 · 40, 9 · 400, 9 · 4 000
b) 70 · 2, 70 · 20, 70 · 200, 70 · 2 000
c) 5 · 8, 5 · 80, 5 · 800, 5 · 8 000
d) 30 · 9, 30 · 90, 30 · 900, 30 · 9 000

27 36 40 140 270 360 400 1 400 2 700 3 600 4 000 14 000 27 000 36 000 40 000 140 000 270 000

2

·	2	20	200	2 000
3				
30				
6				
60				

·	4	40	400	4 000
8				
80				
5				
50				

6 12 20 32 60 60 120 120 200 200 320 320 600 600 1 200 1 200 2 000 2 000 3 200 3 200 6 000 6 000 12 000 12 000 20 000 20 000 32 000 32 000 40 000 60 000 120 000 200 000 320 000

3
a) 7 · 4, 6 · 400, 9 000 · 2, 70 · 5 000
b) 70 · 900, 2 · 8 000, 50 · 6 000, 40 · 300
c) 5 · 4 000, 70 · 300, 9 · 9, 30 · 8 000
d) 40 · 9, 50 · 8 000, 7 · 300, 6 · 6 000

28 81 360 2 100 2 400 12 000 16 000 18 000 20 000 21 000 36 000 63 000 240 000 300 000 350 000 400 000 600 000

4
a) 3 · 50 = 150
4 · ___ = 120
5 · ___ = 250
2 · ___ = 1 000
6 · ___ = 180

b) 8 · ___ = 4 800
5 · ___ = 3 000
7 · ___ = 4 900
9 · ___ = 3 600
6 · ___ = 5 400

c) 60 · ___ = 240
30 · ___ = 180
40 · ___ = 320
50 · ___ = 1 000
20 · ___ = 800

4 6 8 10 20 30 30 40 ~~50~~ 50 400 500 600 600 700 900

Multiplikation und Division bis 1 000 000

Die Mini-Aufgabe ist 15 : 5 = 3.
Dann ist 150 : 5 = 30.

15 : 5 = 3	150 : 50 = 3
150 : 5 = 30	1 500 : 50 = 30
1 500 : 5 = 300	15 000 : 50 = 300
15 000 : 5 = 3 000	150 000 : 50 = 3 000

Genau! Von Aufgabe zu Aufgabe ist es das Zehnfache.

1

a)	b)	c)	d)
32 : 4	420 : 60	72 : 8	180 : 90
320 : 4	4 200 : 60	720 : 8	1 800 : 90
3 200 : 4	42 000 : 60	7 200 : 8	18 000 : 90
32 000 : 4	420 000 : 60	72 000 : 8	180 000 : 90

2 7 8 9 20 60 70 80 90 200 700 800 900 2 000 7 000 8 000 9 000

2

a)	b)	c)	d)
81 : 9	8 100 : 90	540 000 : 60	180 000 : 30
320 : 80	5 600 : 8	210 : 7	10 000 : 50
3 500 : 70	360 : 60	45 000 : 90	27 000 : 9
20 000 : 5	240 000 : 30	240 : 80	100 000 : 20

3 4 6 9 30 50 90 200 500 700 3 000 4 000 5 000 6 000 7 000 8 000 9 000

3 Rechne. Kontrolliere mit der Umkehraufgabe.

a) 180 : 60 = ____
P: ____ · 60 = ____

b) 2 400 : 60 = ____
P: ____

c) 28 000 : 40 = ____
P: ____

d) 4 200 : 7 = ____
P: ____

e) 27 000 : 30 = ____
P: ____

f) 56 000 : 8 = ____
P: ____

4

180 : 3 — 30 000 : 50 — 40 000 : 20 — 5 400 : 9

20 000 : 40 — 420 : 7 — 25 000 : 50 — 3 500 : 70

12 000 : 60 — 4 000 : 80 — 160 000 : 80 — 18 000 : 90

50 — 60 — 200 — 500 — 600 — 2 000

Divisionsaufgaben mit Hilfe der Analogieaufgabe im Kopf lösen.
Ergebnisse mit der Probe (Umkehraufgabe) kontrollieren.

15 : 5 = 3, dann ist 150 : 5 = 30,
1 500 : 5 = 300 und 15 000 : 5 = 3 000.

Multiplikation und Division bis 1 000 000

1 Rechne im Kopf. Kreuze die leichte Aufgabe an und rechne sie zuerst.

a) 6 · 40 000 = ____ ☐
6 · 4 = ____ ☐
6 · 40 = ____ ☐

b) 40 · 80 = ____ ☐
40 · 8 000 = ____ ☐
40 · 8 = ____ ☐

c) 8 · 2 = ____ ☐
8 · 20 000 = ____ ☐
8 · 200 = ____ ☐

d) 70 · 300 = ____ ☐
70 · 3 = ____ ☐
70 · 3 000 = ____ ☐

e) 9 · 50 = ____ ☐
9 · 50 000 = ____ ☐
9 · 500 = ____ ☐

f) 30 · 30 = ____ ☐
30 · 3 000 = ____ ☐
30 · 300 = ____ ☐

2 Finde das Muster. Berichtige die Froschaufgabe.

6 · 7 = 42
6 · 70 = 420
6 · 700 = 4200
6 · 70 000 = 420 000

9 · 80 = 720
9 · 800 = 7 200
90 · 8 000 = 720 000
9 · 80 000 = 720 000

30 · 5 = 150
30 · 50 = 1 500
30 · 50 = 1 500
30 · 5 000 = 150 000

3 Setze aus Multiplikationsaufgaben zusammen.

a) 3 · 6 = 18
3 · 60 = 180
3 · 66 = 198
3 · 600 = ____
3 · 666 = ____

b) 50 · 7 = ____
50 · 70 = ____
50 · 77 = ____
50 · 700 = ____
50 · 777 = ____

c) 9 · 2 = ____
9 · 20 = ____
9 · 22 = ____
9 · 200 = ____
9 · 222 = ____

d) Wie bist du vorgegangen? Erkläre an einem Päckchen deinen Rechenweg.

______

______

______

Multiplikation und Division bis 1 000 000

1 Rechne im Kopf. Kreuze die leichte Aufgabe an und rechne sie zuerst.

a)
120 : 4 = ______ ☐
12 : 4 = ______ ☐
12 000 : 4 = ______ ☐

b)
2 700 : 90 = ______ ☐
270 : 90 = ______ ☐
270 000 : 90 = ______ ☐

c)
8 : 2 = ______ ☐
80 000 : 2 = ______ ☐
800 : 2 = ______ ☐

d)
25 000 : 50 = ______ ☐
2 500 : 50 = ______ ☐
250 : 50 = ______ ☐

e)
2 100 : 3 = ______ ☐
210 : 3 = ______ ☐
21 000 : 3 = ______ ☐

f)
30 000 : 30 = ______ ☐
3 000 : 30 = ______ ☐
30 : 30 = ______ ☐

2 Löse und beschreibe. Verwende dabei die Fachbegriffe.

a)
18 : 6 = ______
180 : 6 = ______
1 800 : 6 = ______
______
______

b)
200 000 : 4 = ______
200 000 : 40 = ______
200 000 : 400 = ______
______
______

c)
35 : 5 = ______
350 : 50 = ______
3 500 : 500 = ______
______
______

d)
______
______
______
______
______

3 Finde die Regel und setze fort.

Immer ______.
( ) – 50 000 – 10 000 – 2 000 – ( ) – 80

Immer ____, ____.
400 000 – 40 000 – 20 000 – ( ) – ( ) – 100

Immer ____, ____.
( ) – 100 000 – 50 000 – 10 000 – 5 000 – ( )

Immer ____, ____.
( ) – ( ) – ( ) – ( ) – ( ) – ( )

Aufgaben aus dem kleinen Einmaleins oder Zehnereinmaleins nutzen.
Muster in Froschaufgaben erkennen. Zahlenfolgen lösen.
MK Algorithmen erkennen 2 3

Ich rechne zuerst die Mini-Aufgabe aus.
Der Dividend wird immer verzehnfacht.
Der Divisor bleibt gleich.

Multiplikation und Division bis 1 000 000

Vielfache und Teiler

das Vielfache
der Teiler

Vielfache von 12

1 · 12 = **12**
2 · 12 = **24**
3 · 12 = **36**
4 · 12 = **48**
5 · 12 = **60**
6 · 12 = **72**
7 · 12 = **84**
8 · 12 = **96**
9 · 12 = **108**
10 · 12 = **120**
11 · 12 = **132**
...

Teiler von 12

12 : **1** = 12
12 : **2** = 6
12 : **3** = 4
12 : **4** = 3
12 : **6** = 2
12 : **12** = 1

1 Notiere jeweils die ersten 10 Vielfachen und alle Teiler.

a) Vielfache von 15: 15, 30, ____

Teiler von 15: ____

b) Vielfache von 25: ____

Teiler von 25: ____

2 a) Male Vielfache von 8 rot und von 16 gelb an.

16 | 8 | 64 | 32 | 24 | 48 | 80 | 96 | 144

Was fällt dir auf? Erkläre.

____

b) Male Vielfache von 6 rot und von 9 gelb an.

6 | 18 | 9 | 24 | 54 | 63 | 60 | 81 | 102

Was fällt dir auf? Erkläre.

____

3 a) Male Teiler von 6 rot und von 24 gelb an.

1 | 8 | 6 | 12 | 24 | 3 | 2 | 4

Was fällt dir auf? Erkläre.

____

b) Male Teiler von 18 rot und von 49 gelb an.

7 | 6 | 1 | 18 | 9 | 49 | 2 | 3

Was fällt dir auf? Erkläre.

____

Multiplikation und Division bis 1 000 000

die Primzahl

Primzahlen

Die Zahl 2 hat nur 2 Teiler:
1 und sich selbst.
2 ist eine Primzahl.

Teiler von 2
2 : 1 = 2
2 : 2 = 1

Teiler von 3
3 : 1 = 3
3 : 3 = 1

! Zahlen, die nur durch 1 und durch sich selbst teilbar sind, heißen **Primzahlen**.
1 ist keine Primzahl.
2 ist die kleinste Primzahl.

Dann ist 3 auch eine Primzahl.

1 a) Finde alle Primzahlen bis 10: 2, 3, ____

b) Streiche alle Zahlen durch, die keine Primzahlen sind: 13, 15, 17, 25, 28, 41, 50

2 Der Grieche Eratosthenes war ein großer Mathematiker. Er hat ein Verfahren entwickelt, mit dem man alle Primzahlen bis 100 finden kann. Es wird das „Sieb des Eratosthenes" genannt.
So funktioniert es:

a) Beginne mit der 2: Kreise sie ein, streiche auf der 100er-Tafel alle Vielfachen von 2 durch.
Nimm nun die nächste Zahl, die 3.
Kreise sie ein, streiche alle Vielfachen durch.
Mache so weiter und streiche alle Vielfachen von 4, 5, 6, 7, 8 und 9 durch.

1	2	3	4	5	6	7	8	9	10
11	12	13	14	15	16	17	18	19	20
21	22	23	24	25	26	27	28	29	30
31	32	33	34	35	36	37	38	39	40
41	42	43	44	45	46	47	48	49	50
51	52	53	54	55	56	57	58	59	60
61	62	63	64	65	66	67	68	69	70
71	72	73	74	75	76	77	78	79	80
81	82	83	84	85	86	87	88	89	90
91	92	93	94	95	96	97	98	99	100

b) Notiere nun alle Zahlen, die nicht durchgestrichen wurden. Diese Zahlen sind die Primzahlen bis 100: 2, 3, 5, ____

c) Beschreibe, warum dieses Verfahren „Sieb" genannt wird.

d) Welche Vielfachen hättest du gar nicht mehr durchstreichen müssen, da sie schon durchgestrichen waren? Warum ist das so?

Die Primzahlen kennenlernen.
Das „Sieb des Eratosthenes" kennenlernen und nutzen.

8

Die 2 ist eine Primzahl, weil man sie nur durch 1 und sich selbst teilen kann.

Multiplikation und Division bis 1 000 000

1

a)	b)	c)	d)
6 · 4	7000 · 90	50 · 4000	400 · 90
5 · 400	20 · 8000	70 · 800	70 · 8000
60 · 5000	5 · 3000	7 · 70	7 · 9000
4000 · 20	40 · 30	50 · 8000	60 · 6000

24 490 1 200 2 000 9 000 15 000 36 000 56 000 63 000 80 000 160 000 200 000 300 000 360 000 400 000 560 000 630 000

2

a)	b)	c)	d)
72 : 9	81 000 : 90	54 000 : 60	1 200 : 3
3 200 : 80	56 000 : 8	2 100 : 70	50 000 : 50
35 000 : 70	36 000 : 60	450 000 : 90	18 000 : 9
20 000 : 5	24 000 : 3	24 000 : 80	100 : 20

5 8 30 40 300 400 500 600 900 900 1 000 2 000 4 000 5 000 6 000 7 000 8 000

3

90 000 : 10 16 000 : 40 4 900 : 70 720 000 : 80

6 300 : 90 27 000 : 30 1 800 : 2 56 000 : 80

1 600 : 40 3 500 : 5 800 : 20 1 200 : 3

4 Notiere jeweils die ersten 10 Vielfachen und alle Teiler.

a) Vielfache von 14: ______

Teiler von 14: ______

b) Vielfache von 24: ______

Teiler von 24: ______

5

Zahlen vervielfachen:

Aus Zahlenkarten eine 3-stellige Zahl als 1. Faktor bilden und 10, 100 oder 1 000 als 2. Faktor nennen.
Der Partner bildet die Aufgabe und löst sie.

Gespielt mit: ______

Multiplikation und Division bis 1 000 000

1

Eine Zahl ist durch 3 teilbar, wenn …

a)

Zahl	: 3	Qs der Zahl
63	21	6 + 3 = 9
85	28 R1	8 + 5 = 13
72		
56		
43		
54		
75		

Zahl	: 3	Qs der Zahl
123		
236		
419		
231		
324		
126		
422		

b) Kreise alle Zahlen ein, die ohne Rest durch 3 teilbar sind. Kreise alle Quersummen ein, die durch 3 teilbar sind. Formuliere eine Regel für die Teilbarkeit durch 3.

2 a) Kreise ein: durch 2 teilbar   durch 3 teilbar

22   33   66   112   120   123

224   330   336   442   450   567

b) Unterstreiche alle Zahlen, die durch 6 teilbar sind.

c) Formuliere eine Regel für die Teilbarkeit durch 6. ______________________

____

d) Notiere 6 Zahlen über 1 000, die ohne Rest durch 6 teilbar sind. ______________________

____

3 Suche eine Teilbarkeitsregel für die 9.

a) 180 Qs: ____   235 Qs: ____   261 Qs: ____   369 Qs: ____   454 Qs: ____

486 Qs: ____   568 Qs: ____   644 Qs: ____   693 Qs: ____   729 Qs: ____

792 Qs: ____   814 Qs: ____   855 Qs: ____   918 Qs: ____   999 Qs: ____

b) Formuliere eine Regel für die Teilbarkeit durch 9.

c) Recherchiere im Internet, ob deine Regel stimmt.

Teilbarkeitsregeln zur 3, zur 6 und zur 9 selbstständig erarbeiten.
MK Informationsrecherche 3

Rechenregeln

die Punktrechnung
die Strichrechnung

Punktrechnung geht vor Strichrechnung.

7 · 5 + 13 · 5
35 + 65 = 100

49 − 12 : 3
49 − 4 = 45

Zuerst · oder :, dann + oder −.

○ **1** Markiere die Punktrechnung. Berechne.

a) 130 + 5 · 14 = ___ 6 · 14 + 316 = ___ 302 + 7 · 14 = ___
130 + ___ = ___ ___ + ___ = ___ ___

b) 10 · 8 − 20 = ___ 11 · 8 − 58 = ___ 96 − 4 · 4 = ___
___ − ___ = ___ ___ − ___ = ___ ___

c) 7 · 6 + 8 · 16 = ___ 8 · 5 + 18 · 5 = ___ 11 · 6 + 11 · 3 = ___
___ + ___ = ___ ___ + ___ = ___ ___

d) 150 + 100 : 4 = ___ 1 000 : 5 + 1 500 = ___ 200 · 5 + 100 : 4 = ___
___ ___ ___

🔑 30 60 80 99 120 130 170 175 200 400 400 1 025 1 700

○ **2**

a)
5 · 7 + 3 = ___
10 + 10 : 2 = ___
62 − 2 · 5 = ___
100 · 5 − 250 = ___
30 : 3 − 10 = ___

b)
500 : 100 + 50 = ___
100 · 100 − 100 = ___
200 − 14 · 10 = ___
100 + 1 000 : 100 = ___
400 + 200 : 20 = ___

c)
99 − 9 · 9 = ___
14 − 4 : 2 = ___
20 : 2 + 80 = ___
8 · 6 − 18 : 2 = ___
7 · 3 + 42 : 6 = ___

🔑 0 12 15 18 28 38 39 52 55 60 90 101 110 250 410 9 900

◒ **3** Froschaufgaben mit Pfiff

a)
17 · 4 + 3 · 4 = ___
16 · 4 + 4 · 4 = ___
15 · 4 + 5 · 4 = ___

b)
25 · 3 − 5 · 3 = ___
26 · 3 − 6 · 3 = ___
27 · 3 − 7 · 3 = ___

c)
12 · 10 + 20 : 2 = ___
10 · 10 + 18 : 2 = ___
8 · 10 + 16 : 2 = ___

Die Rechenregel „Punktrechnung geht vor Strichrechnung." anwenden.
Froschaufgaben lösen.
MK Algorithmen erkennen 3

Ich markiere die Punktrechnung 5 · 14. Nachdem ich das Produkt aus 5 und 14 berechnet habe, addiere ich 130.

Rechenregeln

Hier berechne ich zuerst die Punktrechnung.

25 + 5 · 2
25 + 10 = 35

(25 + 5) · 2
30 · 2 = 60

Achtung! Hier muss ich zuerst die Aufgabe in der Klammer rechnen!

! Klammern immer zuerst berechnen.

○ **1** a) 40 + 60 · 3 = ____
40 + ____ = ____

(40 + 60) · 3 = ____
____ · __ = ____

40 + (60 · 3) = ____
____ = ____

b) 1 000 – 100 · 6 = ____
____ – ____ = ____

1 000 – (100 · 6) = ____
____ – ____ = ____

(1 000 – 100) · 6 = ____
____

c) 57 + 3 : 3 = ____
____

57 + (3 : 3) = ____
____

(57 + 3) : 3 = ____
____

20 58 58 220 220 300 400 400 4 500 5 400

○ **2** a) 4 · (3 + 7) = ____
5 · (4 + 16) = ____
(17 + 13) · 6 = ____
(25 + 75) · 10 = ____

b) 4 · 3 + 4 · 7 = ____
5 · 4 + 5 · 16 = ____
6 · 17 + 6 · 13 = ____
25 · 10 + 75 · 10 = ____

40 40 100 100 180 180 810 1 000 1 000

◐ **3** Berechne und vergleiche die Ergebnisse.

a) (30 + 3) : 3 = ____
30 + (3 : 3) = ____

b) (45 + 5) + 5 = ____
45 + (5 + 5) = ____

c) (44 – 4) – 4 = ____
44 – (4 – 4) = ____

d) (99 – 9) : 3 = ____
99 – (9 : 3) = ____

e) 80 · (2 · 5) = ____
(80 · 2) · 5 = ____

f) 54 : (6 : 3) = ____
(54 : 6) : 3 = ____

● Was fällt dir auf? Erkläre. ____

____

◐ **4** Ergänze fehlende Klammern so, dass das Ergebnis stimmt.

a) 16 – 4 : 2 = 6
25 : 7 – 2 = 5

b) 6 · 14 + 6 = 120
99 : 3 + 6 = 11

c) 8 · 2 + 8 = 24
8 · 2 + 8 = 80

Die Rechenregeln „Punktrechnung geht vor Strichrechnung." und „Klammerrechnung zuerst!" anwenden.
Wann entstehen unterschiedliche und wann gleiche Ergebnisse?

Ich beachte die Klammern.
Ich addiere zuerst die Zahlen in der Klammer, bevor ich multipliziere.